为了人与书的相遇

米，面，鱼

日本大众饮食之魂

おこめ
めん
さかな

[美] 马特·古尔丁——著
谢孟宗——译

广西师范大学出版社
·桂林·

这本书献给所有追求完美的日本职人，

感谢你们展现了何谓真正的热诚。

东京 - 1 -
大阪 - 49 -
京都 - 99 -
福冈 - 157 -
广岛 - 201 -
北海道 - 247 -
能登 - 303 -

i 前言：与布尔丹的通信

东京 1 附录：行前须知 / 六大料理类别 / 寿司 / 夜宿情人旅馆

大阪 49 附录：居酒屋大行动 / 和牛入门 / 来自堺市的刀匠 / 三德菜刀

京都 99 附录：送礼的艺术 / 日本各地美食行旅之最 / 外国人用日语词汇表

福冈 157 附录：拉面大百科 / 梦幻的自动贩卖机 / 勇者无惧！

广岛 201 附录：日本饮食的演变 / 便利店八大惊奇 / 油炸食品

北海道 247 附录：偏乡寻奇 / 与上班族共饮 / 烤鸡肉串

能登 303 附录：寻访艺妓 / 便当的奥秘

前言

与布尔丹的通信：本书缘起

亲爱的托尼*：

写这封信的时候，我人在京都暗巷一家老茶铺的附属自助洗衣店。这一个月来，我由北海道往南吃吃喝喝，从“海胆圣地”函馆一路吃到大阪的御好烧小店。今晚，我受邀与京都最古老的杉本家族餐聚，将要踏进有三百年历史的宅邸，品尝传承六百年的菜肴，总不好一身俗气又邋遢地前去拜访。所以，这会儿一边消化着五个星期的回忆，一边跟你说说我灵机一动想到的点子吧。

要说《秘境探索》（*Parts Unknown*）和其他许多跟风节目教了观众什么的话，那就是人们正活在美食旅行的黄金时代。以前，观光客大老远跑到罗马就为了和雕像大眼瞪小眼，现在则是忙着用叉子和意大利细小通心粉纠缠，或是拍下一个个布拉塔干酪球的照片上传到Instagram。你的努力，帮忙启发了整整一代的老饕，促使他们前往盛

* 托尼（Tony）是安东尼（Antony）的昵称。——编注

产美食的地方朝圣。而在《路与国》（*Roads & Kingdoms*）网络杂志，我们每天试着触及的，也正是这些想变得更时髦、更懂得吃、更深度游览异邦的人。于是我们推出了摩加迪沙的冰激凌店巡礼，还介绍过高加索的辣椒酱战争和卡拉奇当地的汉堡大王。

不过我感觉，应该还有更多尚待开辟的领域，能够更完整地呈现我们最初吃遍一个国家时内心所感受到的震荡。而这一切由日本开始，是再合适不过了。在这里，一团未加佐料的面条都仿佛是一个生命的初始。我想着，不妨将外来客在日本——不论是在餐桌上还是其他各个方面——所遇上的奇特、美妙或难解事物写成一本书，尝试为这种种的体验赋予一番意义。

我还没想清楚具体要怎么做。但是我知道，你和我一样喜爱这个国家，而这件事你也许会有兴趣参与。你可以好好斟酌一下再告诉我想法。反正我暂时只能困在这儿看着衣服在洗衣机里转个没完了。

祝顺心！

马特

前言

亲爱的马特：

这会儿我最想做的，大概就是飞到你那边去准备参加京都三百年宅邸内的晚宴。我以前待过京都一家气派的老旅馆，古老到天花板横梁上还看得到刀痕。据说那是曾有武士在旅馆大闹一场的证据。

你也晓得，日本教我魂牵梦萦，那也是我第一个造访的亚洲国家。当时我独自一人，分不清东西南北，又因为时差累得手脚不听使唤，几乎像残废一样（那时的我还不习惯这些事情）。原先的目的是为了磋商开设法国餐厅的事，但最后也没能谈成。我留宿在六本木，一大早就被不停尖啼的超大只乌鸦吵醒，后来跑到街上闲晃，设法鼓起勇气踏进一家面店。我永远忘不了当时总算为自己成功点了一份早餐时，那种莫大的满足感。

东京十分稠密，挤满了各种事物，是如此繁复、诱人且充满趣味，却又显得扑朔迷离。众多居酒屋挤在同一栋建筑里，每一间都有趣得让人欣喜不已。单单一个街区，便值得花上一辈子去探索。那是一趟令人难以忘怀的初访，且大大地挑动了我的感官知觉，影响极其深远，使我变得不再是以往的我。

头一回到东京的我在各方面都自私了起来，而这是以前从来没有过的。原本每当看到叫人难以置信、印象深刻，又或者优美出众、引人关注的东西，我的直觉便是与人分享这一切。我会问自己：要和谁分享才好？又该如何抒发当下的感受？

然而，独自立于东京这个充满万般可能性的新天地，一想起要与人分享它为我带来的美好震撼，我就只有一句话好说："去你的。"这一切都归我独有，不想和他人共享——我想要体验更多，并且不计任何代价。我想，那时不论是有意还是无心，我下定了决心绝不就此满足。即便为此要将全世界烧个精光，我也在所不惜。

身在日本，时常会发现自己是何等的无知，几乎都称得上是心理冲击了。不过，我很喜欢这种感觉，那陡峭又难以应付的学习曲线非常对我胃口。我发现，原来身陷语言迷障、置身于陌生却处处令人惊叹的异乡其实挺不赖的。再怎么细微的小事上，都能有新的发现。

尔后的发展算是顺利。我设法为自己争取到了好几趟日本行。虽然我没法享受当地的日语节目，不过与能去日本旅行的荣幸相比，这根本不值一提。现在的我完全能领略你说的，未加佐料的面条带给人的那种欣喜。将肥美肉鸡的多种部位烤得烟气蒸腾、嗞嗞滴油的老派烧烤店，早上四点鱼市场内混合了烟味与海潮味的清新气息，相扑火锅，新宿黄金街的烤鱼下巴，以及日式澡堂的繁荣景象，在在都是我心之所向。日本人也许工作起来非常拼命，把自己弄得精疲力竭，但他们也让休闲放松成了一门学问。不论是在传统日式旅馆住上一个周末，或是于露天温泉享受泡汤之趣，都能使人生有所不同。从此以后就再也回不去以往的那种生活了，至少没法一路回到最初的状态。

我不晓得你知不知道这事，可我发现，若和八九位来自全世界的顶尖名厨一同坐下来吃饭，不管是出身法国、巴西、美国，还是别的国家，如果要他们选择接下来的人生只能在唯一的一个国家用餐，他们全会毫不犹豫地选择日本。这其中的原因你我都很明白。

我很确定你能在书里提出绝佳根据，写出让人心服口服的理由。

不过，想说服哈珀·柯林斯出版社（HarperCollins）那些不留情面的大爷们，只怕我还需要更多细节才行。就你看来，这一切会以何种形式呈现在书页上？

祝好！

托尼

米，面，鱼

嗨，托尼：

我能体会你说的“不再是以往的我”。这一趟，照理来说是和我西班牙籍太太的蜜月之旅。然而每当一贯海胆握寿司或是鱼白天妇罗端到我面前，我就觉得自己好像背着妻子出轨了一样。我努力想要把注意力移回我美丽的新娘身上，但等我转向她，却发现她的眼里也同样被日式料理的崭新光辉所占据。此时的我领悟到，我们两个的人生从此有了一座分水岭：日本行前／日本行后。

同样地，我也能理解你会如何想要独占这些感受。毕竟，要转述这等强烈而切身的情绪，难免会自觉词不达意。不过，从你所说的发生在日本的插曲来看，你已经克服了这种感觉，而我目前也正在努力摆脱这般疑虑。你我大致是出于相同原因才这么做：我们都以说故事为生，而在日本的这些故事是我至今遇到过的故事当中最棒的。

我现在人在能登，这处饱受风吹的半岛位于西岸，有“发酵国度”之称。今天的早餐有一块以盐和辣椒腌渍了十二年的青花鱼（我还依然沉浸在鱼肉的鲜美滋味当中）。船下智香子的双亲是能登知名的腌菜师傅，其父亲制作鱼露的手艺还曾得到地方长官的表扬，由母亲独门保存的超过三百种腌菜的做法是代代相传而来，代表着整个家族，乃至于整个能登。由于父母两人并没有儿子，因此在双亲过世前将各种做法归类记录下来的重责大任，就落到了女儿智香子身上。

我打算待下来搜集这样的故事，需要待多久就待多久。这些深刻的叙述来自个人经历，能让我们透过饮食与料理人特有的视角来了解这个国家。类似的事迹还有：在广岛成了御好烧师傅的危地马拉移民、北海道一群叛逆不羁的海胆渔夫，还有来自福冈、每年要吃掉四百碗豚骨拉面的拉面博主。

我和《路与国》的合作伙伴谈过这点子，他们都很有意愿出力。除了添加富含“营养”的描述，我们还设想出一系列“较清淡”的花絮趣闻、图片报道与插画图解，来阐明日本文化最引人入胜的大小事。之前替我们创建网站的道格·修麦尼克（Doug Hughmanick），没有人比他更适合负责设计跨页的巨幅优美介绍，向读者传达日本便利店的兴盛，或者有关情人旅馆的利用之道。另外，内森·索恩伯勒（Nathan Thornburgh）在还任职于《时代》（*Time*）杂志时你就认识了。他当起编辑来认真又毫不妥协，不管我写了什么，他都准备好要让我的文字更有说服力。

这是件好事。毕竟，尽管故事自有其美感，我却有无穷的“潜力”来让自己出尽洋相。我只是个初学者，日语也一个字都不会说。我对复杂深奥的日本文化不敢说知道得有多详尽，手上也没有钥匙能开启这个国家不为外人所知的众多门扉。上星期，我去了东京一家著名的寿司店。先前头一次来用餐的时候我搞砸了，因此这次再访，我穿着西装、带上翻译，等了两个小时才等到最后一批客人慢慢离开。我进去问师傅能否安排访谈，他听了之后张大嘴巴，表情一阵扭曲。“你为什么要来这里？”他说，“下一次，请先通过大使馆。”

接下来的二十四小时，我气得怒火中烧。一方面是因为连谈论如何煮饭切鱼竟然都还得牵扯外交使节，让我实在大感惊骇；另一方面是对方不愿意分享自己的经历，也多少让我有些失望。然而往深处想，他的反应几乎给人崇高之感——仅有的六张座椅和忠实的本地顾客，眼下他唯一的目标就是守护自己所拥有的这一切。

无可避免地，我是局外人中的局外人。既然这样的话，还是不妨欣然接受现实。这一路上展现了精湛技艺的人比比皆是，只不过贡献者并不是我，而是拥有创造这些美食的基因的主厨、职人与家庭。在我决定着手吃遍这个国家后，他们也为我打开了全新的视野。

所以最大的问题是，这本书到底给谁看？是早就在前往日本路上的人？还是坐在扶手椅上，当下不打算出门旅行的人？又或是上传布拉塔干酪照片的 Instagram 用户？近来，就数你书读得多，要不给点指引吧。哈珀 · 柯林斯的高层无疑也会想知道答案。下次见面，再让我请你喝河豚鳍清酒当作报答，这酒是把河豚尾鳍点燃后丢进米酒做成的。昨晚，我被一群上班族硬是灌了好几杯这种迷汤。

祝好！

马特

马特：

我脑海里浮现了扁柏木的气味，我想这气味你也晓得。往那种深深的木澡盆里一坐，滚烫的水漫至下巴，头顶摆上一条毛巾，手边也许还有瓶清酒。

你身上有刺青吗？这可是涉及日本让我既着迷又气恼的一大特点。每次到大众澡堂，或者想在饭店的温泉泡一下，就会有看上去很不自在的服务人员，一见我脱下上衣，便拿着防晒衣跑过来替我遮掩。很显然，这是一种不想得罪人但又想婉拒黑道光临的行为。我真希望他们干脆直接立个“不接待黑帮”的告示，而不是跑来烦我。不过，你又能怎么办呢？我也只好穿上那件要命的贴身防晒衣。

你在日本都读些什么书？我每次造访越南，通常都会读《沉默的美国人》（*The Quiet American*）。我常常觉得虚构的小说反而更能描绘出一个地方的氛围与精髓。此书的作者格雷厄姆·格林（Graham Greene）是个称职的旅伴，他没以日本为背景写本小说实在太可惜了。去墨西哥就带上劳里（Clarence Lowry），去缅甸则要带上奥威尔（George Orwell），去新加坡的话便带上保罗·索鲁（Paul Theroux）。但日本呢？这下问倒我了。

到头来，我常是透过 DVD 去更深入（也能更容易）地了解东京或大阪迷幻的一面。我曾经把日本的夜生活体验形容成生活在弹珠机里或是初次吸毒的感觉——好似身处其中，却又总是置身局外。

在日本，总是少不了出糗，所幸日本人似乎很能体谅我们这些外国人。还记得以前有人招待我吃怀石料理的时候，我就这样傻傻地把筷子伸进某个碗里，完全不知道那其实只是佐料而不是前菜，把当时来娱乐众人的年长艺伎逗得呵呵大笑。那是个一不小心就有可能会冒犯到别人的场合。想必当时我的一举一动，从姿态、举筷、斟酒，甚至就座、盘腿，等等，都看起来很“不对劲儿”。但我并不在乎。日本这地方真的太有魅力了，就算让我被人取笑装模作样也无所谓。

我不知道你为什么会把河豚鳍清酒这等绝品比喻成迷汤。那可是我的最爱。

话说，我本来坐在这儿思索着“这本书要给谁看”，“要如何吸引读者”，却突然觉得这些问题都不是重点了。只管尽你所能增加这本书的层次就好。你越是钻研那些让我们觉得日本是如此迷人又令人心旷神怡的事物，就对全体人类越有好处。

《路与国》这段时间以来一直在提供最优质的旅游报道。然而重点不只在于报道有什么内容，还在于没有什么。你想做的事就像是在去芜存菁，用独到的眼光去赞赏别人轻易就错失的东西，这可是具有非凡的意义。

毕竟一切才正要开始，我衷心期望这会是一段长久并富有成果的合作关系。这堪称是个神奇的组合——你们的《路与国》，以及我为了谋生所做的一切。

读者读了这本书，也许会迫不及待地订下机票飞到日本亲自探索一番，在归国后脱胎换骨，从此舍弃旧有的眼光改以全新的角度看待世界。或者他们会调整或改善先前不幸受误导的旅游计划，好尽情到书中所介绍的地点一游。

读者也可能会选择躺在椅子上遥想这个远方的国度——拥有悠久的历史文化，超乎想象、精致非凡的美食，以及所有会令人感到愉悦的美好事物。

然后，希望当某一天这些人得到了能亲眼一睹此地风采的机会时，他们会因此雀跃地起身而行。

这世界需要《路与国》，需要这本书。就让我们向世人献上此书吧。

祝顺心！

托尼

第一章 东京

如果你仔细聆听，就会听见日本特有的料理之音。这些声响并非来自一般的厨房，或是手忙脚乱的餐厅后场——至少和你习以为常的声音都不尽相同。你听到的，不是排队等着上菜的服务人员询问肋排何时烤好；不是炸炉内被炸至酥脆的结球土豆丝发出的嗞嗞响声；不是将酱汁以汤匙背面抹过盘面的声音；亦不是厨师用镊子夹起另一株精选的香草，稳妥地放置在餐盘上的细微声响。

这些声音，是来自每晚花好几个钟头不断用绒布巾擦拭硬木纹理的摩擦声，只为了去除为顾客提供寿司时积累在扁柏吧台上的细微鱼油污渍；是指间掠过绿色咖啡生豆的沙沙声响，如一阵轻风拂林，好在烘焙前挑出有瑕疵的豆子；是挥动着手工扇子，调控备长炭火力的咻咻声响；抑或是以擦亮的木头捶打西红柿的细柔果肉所发出的低音；

或是将细长的刀具划穿海鳗鱼身时演出的静谧节奏。

如此这般，全都是日本料理的音色。每道菜在为人品尝前，都以这类几不可闻的声音为开端，逐渐增强并富有力道。在迎来最完美无缺的那个瞬间时，在你始料未及的情况下，这些细微声响汇聚成一股强而有力的音爆席卷而来，而你唯一能做的便是合起双眼，任其激荡全身的感官。

如果说，这一切感觉起来都是那么珍贵，那是因为事实上正是如此。身在日本，特别是用餐的时候，最先体悟到的就是细节的重要性，不论是装点餐盘的红叶的角度、煎煮芦笋的师傅当天的心情，还是种植萝卜的农夫的家世。你和其他每一个人，包括经验老到的日本食客，或许大多会错失这类细节，但这并不重要；人们心里相信，料理人细腻的一举一动，能为食物带来近乎难以察觉的提升。若用明治时代的筷子来搅拌天妇罗面糊，就能让美味程度更上一层楼；而由头脑清楚、心情愉快的厨子煨煮的高汤，则会更加芳醇。

不过，并非每件事都有如此精细的工程。日本也有以肥美多汁的猪五花肉蘸上一层薄薄面包糠油炸，佐以大量浓稠的伍斯特沙司和些微呛辣的芥末后端上桌的菜色。大锅煮的咖喱里则加入了苹果、洋葱和厚实的肉块炖上几小时甚至几天，锅里尽是一片深邃沉浊，好似一场突如其来的夏日风暴。此外还有由碳水化合物、卷心菜和猪油形成的巨大御好烧，比起摆在日式榻榻米之上，这道菜摆在大麻瘾君子的咖啡桌上还更显协调。

当然，不能不提的便是拉面，这也是所有日本食物中吃起来最不得安宁的。这种料理收录了各种拍打声、嘶嘶声、滴汤声跟啜饮声，就像一张原声带，颠覆着你对于这个国家及其文化的认知。等等，那边那位拉面师傅该不会是随着嘻哈音乐的低音在切韭葱吧？哎哟，还真的是！

地球上没有一个国家能像日本这样如此让人充满惊奇。在这里，不管朝哪个方向转身，都能遇见让你惊心动魄的事物。

一切就从位于东京上方两万英尺*高空的飞机开始。我还记得，第一次即将抵达成田机场的时候，飞机划破了云层，地球有史以来最大的城市突然在我下方展露原形，好似由数十亿个黄点所组成。17 世纪初，幕府将军德川家康决定在此建立自己的城堡，当时这里还不过是个小渔村。到了 19 世纪初，东京已是当时规模最大的城市，有超过一百万人住在这座新兴的首都。长久以来，东京屡遭摇撼、粉碎、撕裂与烧毁，可如今仍旧屹立，不断成长，无边无际。

我在 2008 年秋季头一回造访了东京，那时没有立下任何计划，也没预订旅馆，对自己即将迎来的转变毫不知情。在这六千英里的飞行途中我完全无法入睡，于清晨时分步履蹒跚地踏上了地铁，并在东京湾迎来破晓之际抵达筑地市场外围。市场内就如同上演着一场海洋生物展：鱼腹饱满的鲑鱼、有着深色圆盘状外形的鲍鱼，以及难以计数的奇特甲壳类；而通身散发光泽又新鲜的海鳗，看上去就像在泡沫塑料箱里打盹。我踉跄前行来到金枪鱼拍卖区，看见一名男子头戴挂有

* 约合六千米。——编注

由六本木新城俯瞰地球上最大的城市。

名牌的拍卖帽，在一片水泥地面上的好几百条银色鱼身之间来回穿梭。他双手迅速地比着各种手势，嘴里咕哝着只有精通金枪鱼的专家才听得懂的行话。在拍卖结束后，我随着其中一条鱼来到买家的摊位。那里的一对父子挥舞着带锯、金枪鱼刀、切肉刀和片鱼刀，将硕大的鱼身按部位分切以供贩卖——结实的尾肉适合廉价居酒屋，如红宝石般深红的腰肉是饭店餐厅的首选，油花肥美如大理石纹路的大腹肉则会供应给高档的寿司名店。

到了早上八点，早已饥肠辘辘的我首先犒赏了自己一场寿司飨宴。十二种筑地的精华海鲜，诸如炙烧过的蓝鳍金枪鱼、富有嚼劲的北极贝、入口即化的北海道产厚实海胆，再搭配一杯杯冰凉的麒麟啤酒，我接连地将这十二道美味冲下肚。之后在场外市场点了一碗热荞麦面，最后吞下如一座金色鸟巢般的成堆蔬菜天妇罗，画下圆满句点。时至正午，我站在邻近的高楼大厦前一个劲儿地傻笑，肚子虽然饱到有点不舒服，却又从来没有如此饥渴过。

要是你从没来过日本，就一定会和第一次拜访这里的我们做出相同的事：如卡通人物般对着所见之物不停地眨眼、揉眼睛；被涩谷及新宿汹涌的人潮淹没；由霓虹丛林跨入古老庙宇，再回归明日世界，见证过去与未来的奇妙冲突与共存。塑料制的食物样品、子弹头列车，以及随处可见的贩卖机，无一不令人啧啧称奇；你甚至会连厕所都想拍照留念。在寄回家的电子邮件中，你势必会在字里行间塞满惊叹号。

面对这一切外在的刺激，你会感到毫无招架之力，却又同时感受到其曼妙之处。你可能会觉得无所适从，不晓得该在哪里转向，该向谁求救，或是该吃什么料理。

这最后一项，总是逼得我苦恼不已。要吃什么呢？自己可是横越了好几个时区来到这里，自然希望每一餐都能饱尝美食。要先从居酒屋，也就是日式小酒馆开始，大啖生鱼片、各种烤鸡肉串和炸豆腐，跟一杯杯冰凉的清酒一同下肚吗？还是选择熟悉的面条，如拉面、乌冬面、荞麦面，任温热味美的面食华丽地滑过唇间？或者，也许你想一探未知的领域，品尝完全陌生的风味——一碗盐烤鳗鱼、一盘牵丝的纳豆，或是共有九道菜色的怀石盛宴。

在这方面你若是轻率地做出决断，就有些不够谨慎了。别搞错了一点：地球上最极致的飨宴，不在纽约，不在巴黎，也不在曼谷，而是在东京。那些城市毫无疑问展示了其多彩多姿、各有千秋的饮食文化，值得人们花一生去探索，但却没有一座城市比得上东京这座料理重镇在食物美味方面的深度与广度。

相异之处首先便是规模。相对于纽约三万多间的餐厅，东京则有将近三十万间（麻烦你在这儿稍做停顿，体会一下这项数据的意义）。世上大多数地区的餐厅仅会坐落于街道两旁，但日本的一栋十层楼建筑就有可能每层二至三间餐厅。这一栋栋的美食高塔，就好比巴别塔一般直入云霄。

然而，东京之所以成为举世最叫人振奋的美食天堂，并非以量取胜，而是以质称霸。造就日本料理这般特殊性的因素繁多——对用料的执着、精细的技巧，以及数千年来的一丝不苟与精益求精。然而其中最重要的，其实是一个很简单的概念：术业有专攻。在西方世界，可以看到餐厅将味噌煮牛小排、白松露比萨跟柠檬腌鲈鱼同时放进菜单里，尽可能提供多样的菜色来吸引各种顾客。但在日本，成功的秘诀是专攻一种，然后把它做得好吃到不行，并且拼上自己的一辈子。有人毕生致力于烤牛肠或河豚刀工，抑或是从荞麦面团揉擀出富有嚼劲的面条——种种技巧都自成一门学问，且皆拥有无限的潜力。

所谓的“职人”（shokunin），指的是深入并专一献身于各自技艺的匠人，而这种观念正是日本文化的核心。近年来日本最广为人知的职人便是小野二郎，他作为纪录片《寿司之神》（*Jiro Dreams of Sushi*）的主角声名远播。不过，在日本饮食产业中，到处都能碰见像他这样专注不懈的人。沿着幽黑巷弄而行，顺狭窄楼梯而上，他们就隐身于紧闭的门扉之后，藏身于这个城市，乃至于这个国家的各个角落。比方说，八十岁的天妇罗师傅，花了六十年光阴找出温度与手势带来的细微差别；身为第十二代传人的鳗鱼师匠，手持铁钎子好似针灸师运针，梳理着野生鳗鱼的肉质，将其美味引向新境界。而在父亲身旁成长的年轻人，年纪多大，在厨房修行的时日就有多长。这会儿随时都可能轮到他独当一面，而当这一刻来临时，他将会对自己该做的本分一清二楚。

日本雕塑家大馆俊雄曾在书中写道：“职人有义务尽其所能为社会大众谋福祉。这义务包含精神及物质两个层面。毕竟，职人的责任是满足需求，无论需求为何。”

东京这座城市中有一万名职人。你若是为了享受美食造访日本，就该是冲着这些人而来。

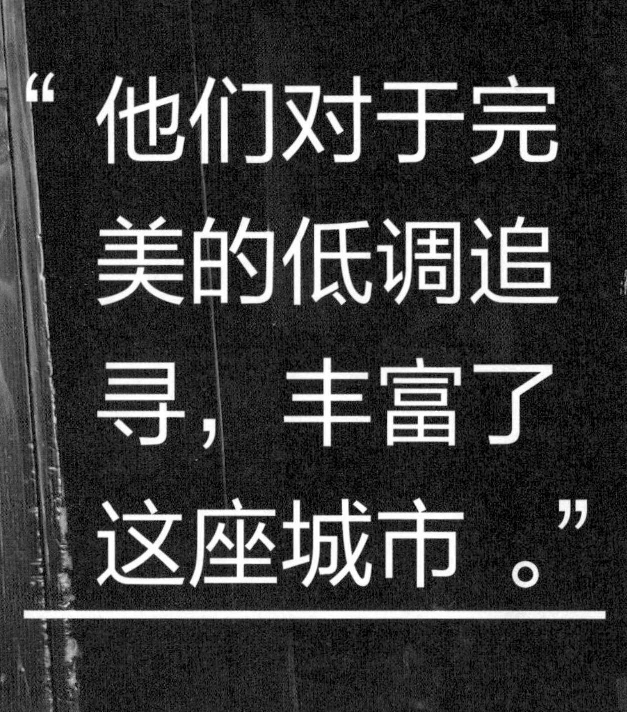

“他们对于完美的低调追寻，丰富了这座城市。”

ブレンド
1. 30g 100cc 700
2. 25g 100cc 650
3. 20g 100cc 600
4. 25g 50cc 700
5. 15g 150cc 600
ストレート
6. モ カ 800
7. コロンビア 800
8. ブラジル 800
9. タンザニア 800
コーヒーは最も味がなじむ温度にしてありますが
コーヒーをお望みの方は申し付け下さい。
100g 800
11枚綴り 6,000
チーズケーキ 450
750
700
700
850
700
ビール 650
シェリー 650
ジン 750
ウイスキー 750～

起初我并不明白这点。用餐的时候，我会找任何看上去有正统日本风格的店家，然后只吃拉面、乌冬面和天妇罗，并为此感到心满意足。直到后来，一位朋友 Shinji Nohara 带我去了家咖啡馆，情况才有所改变。他是名美食导游，看家本领就是把初访日本的游客变成死心塌地的日本迷。经营这家咖啡馆的大坊胜次先生花了四十年，把冲泡出如此暗沉混浊的汁液的过程转化为宗教仪式般慎重的手续。每天早上，从好几磅的咖啡豆中一粒粒亲自筛选，每批再以小火手工烘烤三十分钟。最后，就像在观看人生的倒带一般，看着手冲的每一滴精华缓缓落下——经过如此煞费苦心的工序，才泡出了全东京最醇厚、最昂贵，也最劳心费神的一杯咖啡。

当双脚跨出了大坊咖啡馆的那一刻，我对东京、日本，以及整个饮食世界已是彻底改观。我学会了用新的眼光看待这个国家，也有了持续回访的新理由——没错，除了来吃面、回转寿司和御好烧，更得空出时间去见一见这些深谙东京精髓的职人们。正是他们对于完美的低调追寻，丰富了这座城市。

银座是东京寿司文化的核心，因此也是日本寿司文化的中心，更是全世界最适合品尝海鲜的地方。只要沿着光彩夺目的街道走上一回，你很快就能明白个中道理——这里是日本最为富裕的地带之一。以此地为大本营的，除了奢华的百货公司，还有一系列的国际名牌精品店，各自拥有由著名设计师所打造的华美店面。要与全世界最昂贵的料理交相辉映，这里再合适不过。

我们今日所知的寿司，便孕育自银座街区。自 8 世纪起，日本料理人早已不断地赋予鱼饭寿司*各种变化。然而一直要到 19 世纪初，随着江户（东京的原名）作为日本新的首都逐渐成熟，才有了如今为人所熟悉的握寿司手法。那时，此区遍布着木制“屋台”，即街上贩卖食物的摊子，为城里人供应当日来自东京湾最新鲜的渔获。料理人握起一团温热的米饭捏制成形，再摆上一片新鲜鱼肉，一贯一贯直接送到饥肠辘辘的顾客面前。为了模仿往昔发酵的鱼那种酸得令人皱唇的风味，他们在饭里头加入醋；为了去除潜在的细菌或毒素，便在鱼肉上抹了些研磨成泥的辣根；为了调味，另外淋上了几滴酱油。现代寿司的原型——江户前寿司——自此问世。

今天，在这八条街的范围之内，荟萃了地球上最出色的寿司店。店内的料理台被擦得闪闪发亮，这些店家据说加起来总共摘下了十六颗米其林星。大师小野二郎的店便坐落于此，他的地位犹如日本寿司众神中的宙斯，由他提供的盛宴要价三百五十美元，出菜到结束不过二十分钟，外国访客与日本名流轮番成为座上客，来此一探究竟。斋藤孝司的店也同样在这里，他好比是年轻的绝地武士，有着全市最长的预约等候名单。当然，此外还有许许多多其他店家。

在一栋不起眼的办公大楼三层，有一位寿司职人站在精致的双层山核桃木料理台后，以鲨鱼皮研磨板磨着薄荷绿的新鲜山葵根，准备服务第一批客人。有些人称他是东京寿司文化的灵魂人物。身为一名

* 将食材以盐跟煮熟的米饭进行发酵的食品。——译者注

寿司师傅，此人算是年轻一辈，四十岁上下，体格健壮得像个橄榄球后卫。他双臂结实、理了个平头，用略带严肃的眼神取代大部分的言语。

我头一回见到泽田幸治是在 2011 年。当时我在吧台前找了个位子坐下，接着便逐步感受到自己对饮食世界的认知开始瓦解。把那次经验说成有如天启，恐怕还过于轻巧了点。在“泽田寿司”的那一餐对我来说是一次前所未有的颠覆，一贯贯寿司就好比数首歌颂淀粉与海洋的诗词。即便严格来说并不完美，却明示着通往极致完美之路的确存在，亦是一道引人前往天堂的阶梯。而在这条路上，泽田幸治无疑正一步步朝着顶端攀爬。

这不是我第一次在吃了寿司后有所领悟。当年首次远渡东京，我独自到“水谷寿司”享用午餐。这家银座名店获评米其林三星，由小野二郎最出名的弟子经营。我踏进位于地下室的餐厅时，整个人毫无准备，除了会讲的三个日文词，就只剩背包内一件皱巴巴的衬衫。这样的我，在那里体会到了真正的寿司是何等繁复精致又充满匠心。（这段优雅的用餐时光后来突然被喊“卡”，是因为店里的人告诉我这里不收信用卡——许多日本一流的餐厅都是如此——最后还得劳驾主厨陪我去邮局取出两万五千日元来付午餐费用。）

然而，泽田幸治却别具一格。原先是卡车司机的他相较之下很晚才转行当寿司师傅，但却凭着狂热的精力和决心，投入唯一一个目标——要在生气勃勃的寿司发祥核心地带，带给客人一场最绝妙的江户风寿司体验。

这意味着，要在每天早上六点前往筑地市场，向精通特定鱼种的摊贩逐一购买渔获。这意味着，投注好几年的心力去研究出一套体系，让米饭在顾客就座的那一刻能呈现理想的温度与质地，以及利用硕大的冰块而非电力来打造精密且价昂的冷藏保鲜系统。这也意味着，不论午餐或是晚餐时段都只接待六名顾客，却得在每晚结束营业后以绒布巾擦拭扁柏木吧台，直到手臂酸痛、额头冒汗，只为将上菜期间积累于台面的鱼油擦拭得一干二净。他和太太一周工作六天，每天工作十八小时，要到午夜过后清理完毕，一天才算得上结束。我问泽田先生，为什么不雇人在晚餐时段后帮忙整理收拾，让自己也能稍微喘口气？泽田先生眼一眯、头一扬，往门口一指并说道："看见招牌上写的名字了吗？上头写着'泽田'。这家店里的泽田除了我跟我太太，并没有其他人。"

他或许可以早上九点再起床，请人把渔获送到店门口，选用标准规格的冰箱来冷藏食材，晚餐时段后再让年轻学徒负责擦洗吧台，并依然能为顾客献上全东京最让人屏息以待的寿司。可是，他并未这么做。因为在日本，看重的不是目的，而是过程。

"说到底，就是'心意'(kimochi)。"他说，"好的寿司师傅与高超的寿司师傅，差别就在这里。从头到尾，一切都是因为心意。我想让你吃到天底下最棒的寿司，所以才会每天清晨六点就到市场，或是过了午夜时分依然亲自打理环境。"

泽田先生说，所有职人都怀抱着一份心意，而寿司师傅尤其如此。"心意会透过寿司流露出来。这中间并没有任何加工，我们用我们的双手捏寿司，而客人则是用他们的手取食。"

米，面，鱼

不管是咬下的第一口，还是接下来的每一口，都让我领略到一件老是听别人这么说，却从未相信过的事——寿司的关键在于米饭，而非鱼肉。日本人吃寿司，其中有百分之九十五都是吃握寿司，分两部分组成：用作基底的“舍利”（shari），即调过味的醋饭，以及置于饭上的鱼片等配料，或称“种”（neta）。谁都可以在筑地市场找到极品的“种”，但唯有职人才能自由掌握“舍利”。“寿司有百分之八十在于米饭。”泽田先生如是说。

我们多少都听过年轻料理人奋斗、付出的故事。他们付出长时间的努力，学习把米饭煮好的细节：接连换水，洗去多余淀粉；计算干湿的绝佳比例；学习如何扇凉米饭至适当温度，加以调味并用木匙确实地切拌均匀。在这方面，泽田先生对米饭下的心思多得惊人——从温度（“米饭应与皮肤同温”）到烹煮时间（“煮了六十分钟后的米饭会达到最佳状态”），甚至会因应全球变暖而改变所用产地的稻米（“以前，最好的米来自新潟，现在则来自北海道”）。

泽田先生的醋饭一入口，便会化为一股轻柔酸味蔓延开。这种做法，在东京的寿司行家间褒贬不一。有很多人认为，米饭的角色不该这般张扬（煮饭这门学问能有所改动的地方甚少，且非常看重某些要点，以至于光是在米饭里多加几滴醋就可能引起争议）。但是，泽田先生的“种”味浓且鲜美，有了饭里的些微酸味刺激口腔，让人能够尽情享受接下来一连串的美味。

先是微咸的斑鰶，而后竹筴鱼柔软且鲜甜，接着送上的赤贝富有咬劲、海潮香扑鼻——泽田幸治这个人，可谓引领着顾客一窥海鲜滋味与肉质的全貌。一尾对半剖开的明虾，甜度甚至可与一道甜点相比拟；能够同时品尝到咸水鳗鱼酥脆的外皮与松软的鱼肉；烟熏鲣鱼在历经烟熏火吻之后那浓郁的口感，叫人无法忘怀、辗转难眠。

在泽田先生身后，他的太太看着热气腾腾的石头蒸虾。虽然她不发一语，却总能预先递上丈夫需要的东西，让丈夫能够心无旁骛地向客人展现寿司的大千世界。“我们就如一心同体。太太让我能够表现得更出色。”

有别于一般认知，寿司其实和新鲜与否无关，重点在于时机。不只应确保米饭保持在适宜温度，鱼肉也须经过完善熟成。若是在鱼离水后过早端上桌，鱼肉会仍呈现紧绷的状态，无法释出十足风味。然而如果放置太久，肉里所含的蛋白质又会让肉质变得过于软烂。

在冷藏技术发明之前，鲜鱼若非即刻上桌，就是以醋腌渍。但长年下来，寿司料理人发现透过细心的熟成，更能让鱼肉达到最佳质量。这种概念，泽田先生表示，和肉品的熟成有相同道理。去除水分，把蛋白质转为氨基酸，进而增进鱼肉本身的风味——特别是日本人最看重的天然甘鲜（umami）。要让金枪鱼尝起来最具独有的鲜美，不是在还滴着海水的时候食用，而是等候几天，甚至几星期，使其熟成。每条鱼都有各自理想的熟成时间，泽田先生会让大多数白肉鱼熟成两天，扇贝与赤贝则以一周为期。油脂较多的鱼类，需要的时间甚至更长。

为了说明个中差异，他给了我一片在金枪鱼离水没几天割下的深红瘦肉，然后是微布油花、静置了一星期的中腹肉，再来是肥美至极的大腹肉——这一口促使我的脑中分泌大量内啡肽，身体里窜过阵阵暖流。泽田先生边看着我努力控制激动的情绪，边说："熟成了十二天，更增添食材的甘鲜度。"为这一堂"金枪鱼教学课"收尾的，是成块的大腹肉，将它直接在炙热的石头上煎烤至外侧焦黑冒烟、内部仅稍微经过加热，让油脂形成一股涌流。只要能咬上一口这般极致美味，不论要飞越太平洋几次我都愿意。

米饭与生鱼结合成至上极乐，这等水平的寿司可谓是料理炼金术所能达到的极致。在制作过程中，无数的奥秘近在眼前：看着刀身是如何轻轻划过食材使上千条紧绷的肌肉纤维松弛；将鱼肉与米饭结合的温热掌心，是如何带出食材适量的天然油脂；而作为基底的米饭，其分量与密度又该如何与鱼片取得平衡。这种种启发都能在此刻透过舌尖领会，而带来这一切的人与我就只有六英尺的距离。如同观赏最高水平的表演艺术一样，享受这般美食是少数我不愿与他人一同经历的体验之一，为的是怕同伴会害我分心，不能专注于眼前这场精彩好戏。

那么，泽田先生为何守着这么小的规模？为何要自我设限，每天只接待十二名客人？当我问他有没有打算扩大营业，他尽可能地压抑自己不要显露出不悦的神色，说道："真要打算，我们倒宁愿再把规模缩小一点，这样才能放更多心思在每位客人身上。我们原先是八人座的吧台，但实在顾不过来，所以才减少到六人。"当下，他最大的抱负便是看能不能再拿掉两张座位。

这顿午餐以一颗醋栗作结。亮橙色的果实本身不会比弹珠大，延伸而出的叶子就像一条马尾。虽然不明就里，但我猜这是日本人的某种讲究（也许还真的是）。而当我一口咬下爽脆的醋栗，果皮应声迸裂，酸甜的汁液倾泻而出时，心中豁然开朗。在离东京很远的某处农田，想必亦有位农人如泽田先生般心怀职人精神，为这些果实奉献自身所有。

就在离泽田幸治的店不远的地方，走过八层高的古驰（Gucci）大楼、年收十亿的百货公司、7-11 便利店和数台贩卖机后，就会来到一家狭小安静的咖啡厅，可以品尝到用产于 1954 年的咖啡豆所冲的咖啡。

日本可以称得上是全球数一数二的饮茶文化重镇，对咖啡豆倒也并不陌生。18 世纪时，荷兰人将商船船舱里成堆的咖啡豆引进日本，但当时并未引起多少日本人的注意。一直到 20 世纪初，巴西政府开始寄送免费的咖啡豆给东京的商店店主，情况才有所改变。到了 1930 年代，东京已出现近三千家传统日式咖啡厅“喫茶店”（简称“喫茶”），为当地的生活注入一股咖啡因泉源，也成为人们在忙碌生活中小憩放松的场所。

战争的爆发使咖啡的声势一时停摆。咖啡豆在日本供货短缺，喫茶店老板索性转而烘烤大豆，然而也没能招来多少新顾客。与此同时，纳粹养大了对远东咖啡的胃口，尽其所能地买断了印度尼西亚与苏门答腊的货源。“二战”后期，通往西欧的运输变得困难，运送咖啡的路线便改由经过日本，再沿铁路从中国运至德国。后来，纳粹与俄国的交战阻碍了铁路运输，于是这些咖啡豆就这么囤积在位于东京的仓库，几乎为人所遗忘。

原为音响工程师的关口一郎就是东京人，“二战”期间从军时得知德军购买的咖啡豆就存放在东京市郊。战争结束后，他决定从事咖啡生意，打算尽可能利用那批轴心国战败后便无人问津的咖啡豆。1948年，他在银座开设了“琥珀咖啡店”（Café de l'Ambre），用产于苏门答腊、放置了五年的豆子来冲泡咖啡。这种做法本是不得已而为之，谁知道却出乎意料地成为一大突破。“这样冲泡出来的咖啡醇厚又浓郁，如同好酒一般。”

今日，琥珀咖啡店广泛搜集全球年份各异的咖啡豆供消费者选择，如 1993 年的巴西豆、1976 年的墨西哥豆，以及年份最悠久、产于 1954 年的哥伦比亚豆。“咖啡豆是会呼吸的，”关口一郎说道，“这些豆子随着时间的演变，便会发展出与众不同的风味。”几十年下来，他的徒弟遍布东京，让这股从棉袋过滤而出的熟成咖啡气味得以包围这座城市。不过，一百零一岁高龄的关口一郎每天仍会到店里上班，用几十年前自己帮忙设计的烘豆机来烘烤这些古老的咖啡豆。即便在过去的日本经济高速发展时期内逐渐崛起的连锁咖啡店、便利店和贩卖机如今占据了绝大部分的咖啡市场，但这间经典的喫茶店、这一批批老豆子，以及这名老人，至今依然伫立于此，顽固地向当今的潮流说“不”。

我在长长的工作台前找了张凳子坐下，要了一杯以 1974 年产自古巴的豆子冲泡的咖啡。一名身穿高领毛衣的中年服务生，一只手不断绕着同心圆，花了十分钟轻轻地朝着很有古董味的日式滤布袋注入热水。冲好的咖啡有着我从未尝过的滋味，喝来圆润且带有青草香，以及一丝若隐若现的酸味。

这杯咖啡并非东京第一。直到不久前，首席咖啡师的荣衔仍非大坊胜次莫属。然而在历经三十八年冲泡咖啡的悠长时光后，这位老先生已于 2013 年年底退休。

要说东京当今的咖啡之王，毫无疑问应当从那些藏身于惠比寿、世田谷、代代木等时髦地区的新一代冲泡妙手中寻找。那里结合了新颖的设备、新鲜咖啡豆和传承已久的技法，冲煮出劲道十足、色香俱全的饮品。但关口一郎的卖点已然超脱了技术所能概括的领域——他提供的是古早的滋味，仿佛在提醒人们凡事总有另一条行事之道。

我走出咖啡店的时候，看见关口先生坐在办公室里，双手搁于膝上，在墙面略高于他肩膀的位置挂有他年轻时的照片。他一脸忧愁，告诉我说："店内库存减少了。以前，仓库里总有五吨的咖啡豆放着熟成，现在却只剩不到一吨。"一名 101 岁的老人担心着店里的存货，正可谓职人精神的体现。

"关口先生，您的秘诀是什么？"我问道。"当然是咖啡啊。我每天起码喝五杯呢。"

还在念小学一年级的时候，池川义辉就晓得自己将来想当料理鸡肉的专家。

"在家我们也会吃烤鸡肉串，但和大多数日本人一样，都是用小厨房的瓦斯炉去烤的。但我永远忘不了父母第一次带我去吃地道的烤鸡肉串时，闻到的那股炭烤香气。"

尽管小小年纪就受到启发，池川义辉却没有去做大部分新手职人会做的事：他没有从年少期就开始学着宰杀鸡只，也没去幽暗的图书馆角落翻出难懂的书，研读鸡肉的肌理和特性，甚至并未拜入知名的烤鸡肉串师傅门下当学徒——至少没在一开始就这么做。相反，他走上了至今无数日本人所选择的路，也就是成为一名上班族。他穿起西装，搭电车上班，下班和同事一起喝酒，始终都对老板忠心耿耿。不过这并不意味着他放弃了梦想，倒不如说这其实是他为了实现目标而规划的一部分。

“职人大多一辈子活在厨房里，从没学过怎么和别人面对面打交道。”池川先生说，“我很早就晓得，想独当一面，其中很重要的环节便是应对顾客，所以我决定先从这件事学起。”

当觉得已在商业界习得服务顾客的精髓——也就是要在顾客开口之前提供他们想要的东西，池川先生便脱下西装，跑到中目黑一间雅致的烤鸡肉串居酒屋“Toriyoshi”当起了学徒，花七年时间学习一切有关烤鸡肉串的学问跟技术。2007 年，他在目黑车站旁开设了一间小巧精致的餐厅“Torishiki”。里头灯光朦胧，中央有座“U”字形吧台环绕着小型铁制烤架。他的太太身穿和服，静静地在店内穿梭，为心情畅快的顾客递上酒饮，形成一股美好的氛围。池川义辉自己则站定在烤架炭火之后，其形象俨然就是个职人：轮廓鲜明的五官、战士般的身姿，以及不忘在头上绑一条卷起的印花白巾。

与其他日本美食有异曲同工之妙，烤鸡肉串亦是一种极其简单，却又无限高深的料理。说白了，烤鸡肉串就是将鸡肉串起来在明火上烧烤。光从概念来看，这和穴居人所食似乎相去不远。它是下酒菜，是啤酒与清酒的良伴。在居酒屋和一家家小巷街摊的菜单上皆能找到这种料理，满足那些要搭末班车回家的饥饿上班族的口腹之欲。

同时，烤鸡肉串也是十分有潜力的料理。若是到了眼光敏锐的日本厨师手上，能够精进的空间更是无可限量。对料理人来说，由于烤鸡肉串本身能为人所控制的变量并不多，在面对这些变量时也就承受了更多的压力与来自外界的检视。除了火的来源与强度、鸡肉产地、分切、调味，还有最重要的便是全心全意地对待料理。这可不是用竹签串起鸡胸，把肉烤熟就能了事的。你如果像池川义辉那样对烤鸡肉串有着无比的坚持，要留意的细节可就难以计数。

现今东京高档烤鸡肉串界的一大潮流是庖解全鸡。在位于白金的名店“酉玉”，老板伊泽史郎将整只鸡分解成三十六块，为那些认为鸡肉能有什么深度可言的人上了一堂很有说服力的生物学课。客人在点餐时应思考的问题不是要不要吃烤小肠串，而是要吃小肠的哪个部位——要点十二指肠，还是回肠？

然而池川先生不来庖解全鸡这一套。他不会把鸡大腿切成内、外、中三部分，来挑战你对鸡肉特定部位的认知。在夜间拜访他的店，会看到店里罗列了鸡胸、鸡大腿、鸡翅、器官等多种部位，而东京大多数体面的烤鸡肉串店都是类似的做法。烤架上亦能看到时令蔬菜，偶尔也有鸭肉串和猪肉串。但在这精彩的串烧大观中，鸡肉才是主角。单一肉类丰富且多样的风味与质感，通过池川义辉之手呈现在顾客面前。

在奉上一串串烤鸡的同时，池川先生会琢磨个别顾客所需，来变换种类。有的酥脆耐嚼，有的肥美骨软，有的柔嫩细致，无一不在口中释放出强烈香浓的风味。他首先为我上了一串鸡胸，仅稍稍过

烤鸡肉串师傅池川义辉已经准备好要接待他的客人。

火炙烤表面，中央呈粉红色，上头还有一抹绿色芥末。这一口，实在足以让这辈子对感染沙门氏菌的所有恐惧都入土为安了。而略加火烤的鸡肝，除了腴美欲滴的油脂外，还散发着淡淡矿物味，彼此平衡。一颗颗一口大小连缀在竹签上的鸡肉丸子，是由切得细碎的大腿肉捏制而成的。当外侧被烤得嗞嗞作响的它送到我面前，里头混入的鸡软骨添增了绝妙的口感。递上来时垂坠在竹串前端的“灯笼”（即烤鸡卵巢），那尚未发育成熟的蛋还保持着鲜黄色，看上去像极了东升的旭日。咬下一口，肉质部分与流淌的蛋黄相互结合，令人回味再三。

池川义辉对烤架上每一支肉串投注的用心都非比寻常，这也是为何他的店能从其他正统的烤鸡肉串店中脱颖而出，进而摘下米其林一星，连客人的预约都排到了六个月后的原因。他对待每支肉串，都仿佛这将是此生最后的杰作。扭、转、刷、蘸，掌握时间——通过一个个细微而连贯的动作，来引出肉串最极致、纯粹的味道。

他具体展现了所有职人共通的特质：专注不移、动作简练、谦卑可亲，且对于自己投身的工作，表面上看似沉默少语，内心却演奏着无比澎湃盛大的交响乐章。工作期间，池川义辉随时都得应付在备长炭火上烧烤的几十支串烧，这种硬木木炭价格高昂，能维持高温燃烧好几小时。他总是准备好一柄木扇插在背后的腰带间，方便随时拿来扇火，调节理想的火力。肉串烤好后，便会被浸泡进硕大玻璃罐内以酱油、甜料酒、糖调制的甜酱里。这是日本每家烤鸡肉串店绝对不可或缺的酱汁，在每家店的烤架旁都一定会摆上一罐。池川义辉店里的酱汁，是他的师傅送给出师学徒的礼物。每天，他都会为这有二十五年历史、传承自“Toriyoshi”的口味添加新酱，如同面包师会在老面酵中加入新面酵。

吃完各种部位的鸡肉串烧，接着登场的是饭团。捏成巨大三角形的米饭上涂了大量鸡油精华，再以火烤，直至外观闪耀着金色的光辉。我决定把饭团带回旅馆独自好好品尝，这将是我一生中最美好的米饭体验之一。

在付账前，店家呈上了一碗热汤，汤里浓缩了先前尝尽的各种风味。我靠着这碗“心灵鸡汤”，在东京的夜晚降临之前享受着片刻的喘息。

夜生活的开端，是一堂“可以喝”的地理课：爱媛的柠檬、高知的黄金生姜、熊本的米酒。撒上花椒粒做点缀后，端至由树龄五百年的北海道橡树的巨大横断面制成的吧台。酒饮入口，最先涌上酸味，而后是烧酒的温辣，再来是香料的连番出击——生姜的辛呛搔着喉咙，刺激的花椒叫舌头微微发麻。一身利落白色正装的年轻调酒师在旁观视，点了点头，仿佛在表示好戏才正要开始。

山本幻出生于三重县的一个小镇，后来跑到东京学习调酒。他在青山餐酒馆接受训练后，动身前往纽约，待了八年，于曼哈顿几家顶尖日式餐厅担任鸡尾酒调酒师。这期间他获益良多，从如何应付大批顾客到设计当令的酒单，也习得一口流利的英语。不过，自始至终，他都在酝酿着开一间世人前所未见的鸡尾酒吧。2013 年回到日本后，他开始朝着梦想起步。“我想试着做一些只有在东京这样的城市才办得到的事。”山本幻如是说。

东京的鸡尾酒文化相当丰富活跃，以利用精准的调酒技法制成的经典酒款为基础而发展，并自成一派。调酒师穷毕生之力，摸索着提高自身水平的技巧，比如硬摇（hard shake）、轻拌，或是如何将一大块冰凿成晶莹冰球。在这个国家，从札幌一路到鹿儿岛，随处的酒吧都能尝到正统调酒的代表吉布森（Gibson）和曼哈顿（Manhattan）鸡尾酒，却找不到多少调酒师肯试着发挥独自的创意，开发出全新的鸡尾酒款式。

山本幻和同行一样看重精细的调酒技巧，但他也发现日本鸡尾酒文化尚未善用的资源——该国盛产的鲜蔬（含根菜类）、柑橘，以及草药。“我们有很棒的本地柑橘，风味温和，但因为和兼烈鸡尾酒*不搭，所以别的酒吧几乎不会使用。但我这里并不提供兼烈。”他反其道而行，根据日本的气候及地理分布，开发出了一套几乎每天都会更换的酒单。这天，他用来调制鸡尾酒的食材有产自冲绳的木瓜和百香果、静冈的西红柿与芥末，以及宫崎的玉米，等等，而且几乎每一种都是从农人那边直接进货。如果换成别的季节，你或许还会看到他选用北海道的南瓜、神奈川的胡萝卜、长野的木梨，以及各种如满月般只有在特定时节产出的根菜类，跟鲜为人知的草药来调制饮品。

你可以照单点酒，然而最能展现山本幻独到眼光的选择，当属六款酒为一套的特别组合。好似一场怀石盛宴，他让调酒来述说跌宕起

* Gimlet，以杜松子酒或伏特加酒和酸橙汁为基底的调酒。——译者注

山本幻倒着下一轮的酒。

伏的故事——结合了日本茶道的精神，将技巧、美学和对季节感的重视合而为一，让生动、鲜明的情节自然流露。

为了让这些流淌的故事能更加动人，山本先生避开了许多西方调酒师偏爱的浮夸色泽与技术——不加挥发性蒸馏液，不以喷火枪烧炙鸡尾酒饰物，更不使用任何值得对外炫耀的先进设备。他只使用三项最基本的器具，那就是滤器、搅拌器，以及长长的木制搅拌棒，而正是这最后一样让他得以将时令农产如施了魔法一般变身成梦幻调酒。先以钝面把蔬菜水果捣成浆状，用来当作大多数酒款的基底。调酒时，他并不测量材料的分量，而是缓缓地以金属调羹轻搅，一边调和，一边不时试尝滋味。

酒吧内没有音乐绕梁，墙上不做任何装饰，在这里没有事物能够分散注意力，让人只管全神贯注地品味酒饮和欣赏有条不紊的调酒步骤。我看着他用搅拌棒把如口红般嫣红的西红柿制成果泥，过滤后加入产自立陶宛的裸麦伏特加，拿起小调羹以短促的节奏搅拌使两者结合。他尝了一口，注入些许伏特加调整味道，再次搅拌、试尝并调味，接着捏进一撮盐巴，然后又是一次搅拌与试饮。山本先生将酒倒入明澈的锥形玻璃杯，然后剖开百香果，用调羹舀出果籽，置于浮至杯缘的西红柿泡沫上，于是黑籽就这么轻巧地盘绕在表面。他拿出一块石板，喷上水，在石板一隅散置了几朵花，最后在另一侧摆上调好的鸡尾酒。

“让您久等了。”

酒的风味恍如朝阳在我嘴里绽放，每一口啜饮都有新的变化——

顶层丰厚圆润，中层酸甜交加，而随着杯中酒逐渐减少，味道更加细致强烈，还伴随着裸麦伏特加的凶猛后劲。这一杯酒所述说的故事，不仅关乎滋味，还关乎口感与温度。

就在我投身杯中行旅的同时，山本幻已着手调制下一杯饮品——将来自和歌山的奇异果捣成泥，并加入牛奶及高度数的清酒。他接着在调酒表面交织的奇异果与牛奶泡沫上撒满切碎的茴香，使每一口都带有爽脆及馥郁的芬芳。

和如绽放的烟火般精彩美妙的鸡尾酒相比，调酒师本人却是一点也不高调招摇。既未蓄着挺立的八字胡，亦不曾有冒失妄为的举止。那清爽的光头与柔和的五官，加上轻声细语的音调，如果把白色正装换成橘黄色的袍子，眼看就能当个僧侣了。

最后一杯酒，他在存放了十二年的山崎威士忌中放入捣碎的甜地瓜和黑巧克力碎屑作为收尾。个中甜苦与烟熏香交织的层次感，即便有人愿意听我试着形容这滋味千万遍，恐怕也只会是言不达意啊。

即便在东京，也并非所有事物都很美好。不是每一餐都能以将温热饭团放进口袋带走，或是在胃里填满地瓜鸡尾酒来画下完美的句点。毕竟这里居住着超过三千五百万的居民，虽然这座城市里充斥着饮食圣殿，但能容纳的客人总是有限的。

追寻职人以外的时间，我多半会徒步四处游逛，任凭自己迷失在表参道的简约、涩谷的纷杂繁复和原宿不绝于耳的日本流行音乐里。有天深夜，我搭上电车前往新宿站。这里是地球上最繁忙的车站，每天的乘客流量将近四百万人次。而这里不仅是一个人声鼎沸的车站，同时也是东京娱乐地带的核心。

七十年前，此区尽是断壁残垣，放眼望去一片残骸余烬，叫人哀叹战乱的无情。1940年代晚期，卖春风潮盛极一时，车站东边出现大量杂乱无章的酒吧，纵酒作乐的文化也开始普及。在历经战后重建之后，有许多日本大型企业进驻此地，众多高楼大厦于新宿拔地而起，让这里同时拥有了两种截然不同的面貌——白天，是现代经济的重镇；夜晚，则回归寻欢作乐的秘境。

我走进铁轨下方一处纵横交错的狭窄通道，名为“回忆小路”，更响亮的名号则是“撒尿巷”，因为这些幽闭地段在有厕所可用之前总是充斥着难闻的气味。如今则主要由串烧的香味取而代之。如鞋盒般方正的店面大多用来卖烤鸡肉串和冰啤酒，和池川义辉的店形成强烈对比：吵闹、拥挤的环境，醉醺醺的客人——少了点细腻，却充满活力。

在东京的红灯区歌舞伎町，一栋三层楼的弹子机店回荡着嘈杂声响，那是人们拿退休金来此玩乐的声音。餐厅热气蒸腾，为顾客送上拉面、汉堡、煎饺等平价快餐。身穿廉价西装的黑道莽汉在街区晃荡，他们正是这股夜晚经济势力的掌控者。

一路上我经过许多风俗店，拿着公文包的男士会在这里掏出钞票，只为让年轻的酒吧小姐听他们闲谈说笑；而牛郎俱乐部，则是有中年妇女愿意付钱听一群长得都差不多的年轻小伙子称赞她们外表的地方。这一切，感觉就像一场怪诞的表演——在金钱胜过人情的天地，人们甘愿撒下巨款，只为买下一句诺言、闻一次女人香，想为一成不变的生活找寻一点刺激。

日本人将这般供人在夜晚饮酒寻芳的生意称为“水买卖”(mizu shobai)，靠着日本在经济急速起飞时期企业的支出账目而蓬勃发展。即使各家公司不会为这些特殊行业背后见不得人的勾当买单，但为了花天酒地却是毫不手软，他们一边松开领带畅饮，一边和合作对象通过应酬打好关系，同时也在一夕之间加深了蒙于这座“新东京”的黑影。

这些黑影促成了这一区的奇特产业，也衍生出叫人哀伤的秘密。其中最令人感到忧愁的是——其实也早就称不上是秘密了——日本人比世上任何其他国家的人都还要缺少性生活。女性称男性为“草食男”，意义如同字面，表示他们对肉体跟性不感兴趣，反而更着迷于虚拟的事物与人际关系。有些人说，男女间不复存在罗曼史，是生育率低下的罪魁祸首，更是在水面下引发经济与社会危机暗潮汹涌。

在歌舞伎町外侧，可见一条人龙绕过好几个街口，全都排队等着进入“机器人餐厅”。这间造价一百亿日元的餐厅堪称东京的惊人奇观，一进去就会看见比基尼女郎跨坐在镶满霓虹灯的坦克上，以及又唱又跳的机器人。如此迷幻炫目的超现实空间，到场的观客恐怕都得花上好一段时间才能完全消化这一切。

于灯光与喧嚣之外，则能窥见往日的新宿。黄金街上，两百多间酒吧沿着一条条昏暗小巷比肩而立，店内空间很小，价格高昂，每间店的主题正如同这些巷弄一般狭隘，走小众路线：如医疗器材、赛马，以及剥削电影（exploitation film）。我试着走进其中一家，但当老板看

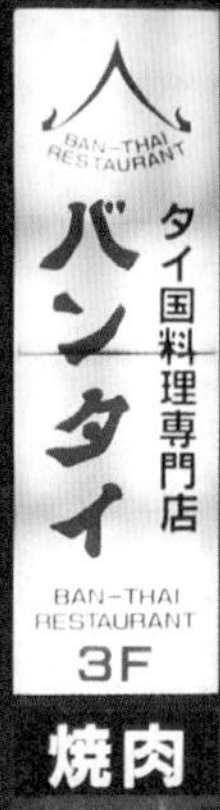

新宿歌舞伎町是日本最大的红灯区。

到我是外国人面孔，就竖起两根手指对我比了个“×”。

相比之下，在“塑料模型酒吧”（Bar Plastic Model）的人群就好客多了。这家店就如同一个玩具箱似的，满载着对 1980 年代塑料制品盛世的怀旧之情。我点了一杯日果威士忌（Nikka whisky），有个坐在我身旁的人则不停地把玩着魔方。没过几分钟，他决定认输投降，试着用不流利的英文和我聊天：“你喜欢日本的食物吗？”我掏出十五美元，其中有一半是入场费，随后便再度投身于店外醉客熙来攘往的小巷。

威士忌使我眼皮异常沉重，但便利店“罗森（Lawson）”如手术灯一般明亮的灯光，就好比一道牵引光束把我给拉了进去。从外观来说，看似跟美国的超市大同小异，可里头却是一番新天地——除了清酒专柜，还能看见一盘盘生鱼片，以及热腾腾的高汤里浸着的西方少见的蔬菜串。柜台后的年轻女店员和我打招呼，先不说是在这种深夜，就算是其他时段，她充满朝气的模样也依然超乎我的预期。看得出她对这份工作非常投入，脸上的笑容也足以让坏脾气的顾客卸下心防。她一边看着我谨慎地在店里绕来绕去，一边紧盯着满满的炸鸡在油锅里滚动。我在清酒区前停下脚步，想着要买哪一瓶在睡前小酌一杯。她从柜台后走了过来，拿起一小瓶贴有银色标签的酒递给我，然后说：“Oishii！（好喝！）”接着便返回柜台，继续看着炸鸡直到外表炸成金黄色。

难不成她是便利店的职人吗？还是因为我酒喝多了脑袋发热，所以在胡思乱想？又或者，这是另一种迷人的矛盾？虽然与有着冗长预约名单的小店相去甚远，便利店里罗列着零食的走道仍是别有洞天。然而在这座城市，这并不像听起来的那么高尚浪漫——“过劳死”确实时有耳闻。不过，在接下来的这趟漫长的奇异旅程中，依然会有列车长利落地向空无一人的车厢鞠躬，饭店的清洁人员还是会将我的毛巾折成无可挑剔的天鹅形状，或是像这名“罗森”的店员一样老练地炸着炸鸡的同时如侍酒师般为客人挑选清酒。这一切行动的理由，都只因为这是他们自己选择的工作——将这些看在眼里，我发觉东京这个城市在其世界第一大都会的表象之下，实则有着更加博大精深的内涵。

重要信息

行前须知

01 学会说“Hai”（はい）会对你大有帮助。

“Hai”是日语词典中最有用的单词，用来表达“是的”“没错”的意思。这个高音调的单词只要运用得当，甚至可以用来取代一长串字句。如同西班牙语中的“vale”（代表“好”或表达赞同），只要改变音调的抑扬顿挫，就能传达不同的语意。比方说，“没错，我爱死这个美丽又奇特的国家了！”“要用浊酒把我灌醉？当然没问题！”再说，你不会想跟日本人说“不”的，是吧？要是我就不会。

02 东西其实没那么贵。

有一大票想去拜访日本的人之所以没去，是因为他们误以为当地物价高到超出自己所能负担的程度。和泰国及中美洲比起来，日本物价或许是不便宜，但相较于英国、瑞典或其他北欧国家，在日本消费可说是非常划算了。如果要搭出租车、住传统日式旅馆或高档连锁饭店，以及吃日本和牛的话，的确价格不菲，但若只是搭乘公共交通、住商务旅馆、去居酒屋喝酒、吃回转寿司跟几碗美味的拉面，其实并没有想象中的那么费钱。你没法靠二十二美元撑过一天，但一百美元就肯定够你在大都市里过上一夜并吃饱喝足了。

03 英语很稀有。

虽没像日食那么稀有，但也差不多了。世上没几个人比日本人更不通英语，这便意味着你得好好磨炼自己的身体语言，并且记住几句重要的会话用语，也别忘了抱着开阔的心胸，好去面对在这国家四处游览时免不了会碰上的窘境。这里再提供一个妙招：记下十到十五个你可能用得上的食物词汇，以免到了餐厅却完全看不懂菜单上任何一个日文字。（更多信息请参阅 154 页“外国人用日语词汇表”）

04 日本是现金社会。

你或许会很意外，一个发明了子弹头列车和脱衣舞娘机器人的国家，现金交易竟然还是主流。实际上，许多五星级高档日式旅馆和寿司店都不能用信用卡，换句话说，你得随时带着厚厚一叠日钞才行。在日本，提供跨国提款服务的提款机非常少，比较可靠的两种方法是利用邮局和 7-11 便利店里的自动取款机取钱。

重要信息

行前须知

05 最高原则便是拘谨与着重于细节。

深植于日本社会的传统与礼节对外来客来说往往是难解之谜，不过一旦搞懂了这些，对于你和接待你的人之间的关系肯定会有好处。请记住下列基本事项：在日本，大多数时候会避免肢体接触，因此要特别注意你的举止，以及准备好用鞠躬代替握手（亲友的话可以点头致意，若是商务伙伴或重要人士则应深深弯腰鞠躬）。与人相约务必准时，拖拉或迟到都是大忌。大致上来说，就是要尽量避免任何会为自己或身边的人引来侧目的举动。尽管要完全融入日本人当中实在是难上加难，但总之务必记得，比起展露个人特色，他们更看重待人接物的细节。

06 利用周游券来趟自由之旅。

在日本境外通过旅行社或于国际机场购买全日本铁路周游券（Japan Rail Pass），就能在最长可达三周的期限内，不受限制地搭乘列车来回日本各地（少数特殊车种除外）。如此一来，你不只能省下时间和金钱（七天周游券售价约三百美元，能在一周内无限畅行且多数列车都不需要预约），还能将整个日本在一次旅行中便“吃到饱”。你可以根据自身对文化、气候、乡间美食的喜好，随兴规划每日旅游的目的地。想去哪儿就去哪儿，唯独别忘了在上车前先准备好便当跟饮料。（更多信息请参阅 342 页“便当的奥秘”）

07 店面是越小越好。

不论你是吃鳗鱼、寿司、面食、甜点也好，喝鸡尾酒也罢，看似狭小的店面，却是职人们展现热诚的地方。走进只有六个座位的店也许会让你感到害怕，但靠着仅有的一位主厨和一位工作人员（多半是一对夫妻）专心致志磨炼出的技艺，所提供的就只有极品。想进入最高级的营业场所，多半得靠他人邀请或日本客人的陪同，然而除此之外，这个国家还是另有许多气氛温馨又待人亲切的店家，迫不及待地想让你大开眼界。

08 别问，做就对了。

想进到鱼市场“生人勿进”的区域一探究竟吗？还是想在列车上换座位？你要是开口发问，就别想如愿了，等待着你的只会是一连串的讨论和官方冗长的研议，而这也正反映出日本社会日常的严谨架构。只要你的行为不会冒犯到他人或是触犯法律，最好都先付诸实行，事后再来装无辜。这做法或许称不上光彩，不过反正本来就没人期待外国人会晓得自己在日本干了些什么好事。

分门别类

六大料理类别

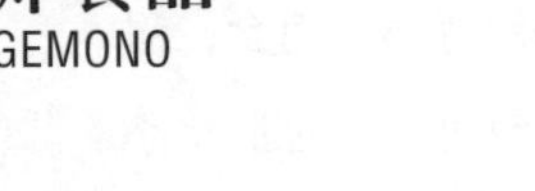

面类
MENRUI

荞麦面
SOBA

日本最高雅的面食，使用荞麦粉制作。

乌龙乌冬面
UDON

粗厚的白色面条,冷热皆宜。

挂面
SOMEN

以面粉制成的细面。一般是吃冷的，搭配蘸酱食用。

拉面
RAMEN

在面粉中加入碱盐揉制成，让面在热汤中依然能保有嚼劲。（详情请参阅 188 页“拉面大百科”）

油炸食品
AGEMONO

天妇罗
TEMPURA

将海鲜及蔬菜裹上面糊（面粉、蛋、水）油炸而成。

唐扬
KARAAGE

经油炸的一口大小的鸡肉、虾或鱼肉,也是经典下酒菜。

炸肉排
KATSU

把猪肉、鸡肉或牛肉切片裹上面包糠，炸至酥脆。

可乐饼
KOROKKE

将土豆泥或绞肉塑型后裹上面包糠，下锅油炸制成。

火锅
NABEMONO

涮涮锅
SHABU-SHABU

以高汤为基底，在锅里加入牛肉、蔬菜及豆腐等涮煮。

关东煮
ODEN

将肉、蛋、鱼板跟多种食材放进高汤里慢慢煨煮。

寿喜锅
SUKIYAKI

在加了酱油调味的汤底中加入肉和蔬菜，再蘸着生鸡蛋吃。

牛杂锅
MOTSUNABE

最近很受欢迎的锅物，会把牛杂跟卷心菜放入高汤中一起炖煮。

烧烤
YAKIMONO

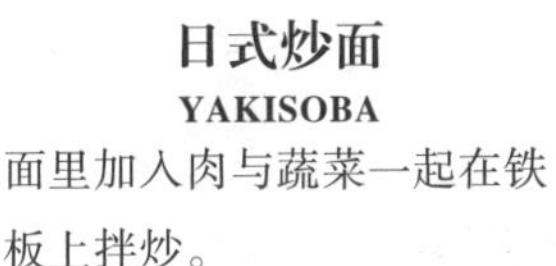

日式炒面
YAKISOBA

面里加入肉与蔬菜一起在铁板上拌炒。

御好烧
OKONOMIYAKI

在面糊中加进大量卷心菜再搭配肉类或海鲜在铁板上煎熟，并在上面撒满佐料。

烤肉
YAKINIKU

将薄肉片放在铁板或架在炭火上烧烤。

串烧
YAKITORI

以炭火烧烤鸡肉串和蔬菜串。（详情请参阅 298 页“烤鸡肉串”）

寿司
SUSHI

刺身
SASHIMI

将生鱼肉、其他海鲜、鸡肉或牛肉切成片状食用。

炭烧刺身
TATAKI

把金枪鱼（或其他鱼类）表层以快火烤至焦熟而中间仍保持半生状态。

握寿司
NIGIRIZUSHI

将生鱼片放在醋饭上捏紧，使之结合。（详情请参阅 40 页“寿司”）

寿司卷
MAKIZUSHI

用干海苔将饭和鱼肉（或蔬菜）卷起制成。

饭类
GOHAN

饭团
ONIGIRI

米饭先捏成三角形，再包上海苔。常会加入鱼肉或蔬菜。

丼饭
DON

在海碗里添进米饭，再摆上多种生鲜或烹调过的鱼和肉类等。

年糕
MOCHI

柔软带黏性的米制点心，常在中间包入豆沙馅。

茶泡饭
CHAZUKE

在饭里淋上茶而成的汤饭。一道能抚慰人心的经典料理。

寿司

IN THE RAW

寿司是日本美食中最知名、亦备受尊崇的一大料理。食用时繁多的规矩与习惯常会让外来客不知所措，尤其是在如此注重餐桌礼仪的国家，吃生鱼的时候，一不小心就看起来像个蠢蛋。接下来将会告诉你正确的吃法。（本章节中的寿司及示范动作皆出自东京顶级寿司职人斋藤孝司之手。由桑德·杰克逊·西斯沃约［Sander Jackson Siswojo］拍摄。）

赤身（金枪鱼瘦肉）
AKAMI

竹荚鱼
AJI

中腹（油脂适中的金枪鱼肉）
CHUTORO

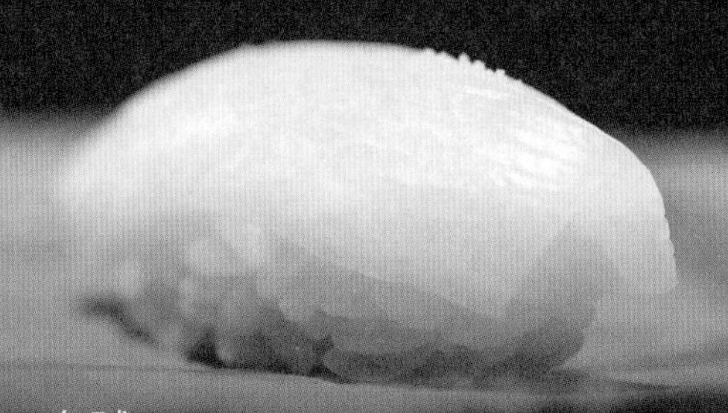

乌贼
IKA

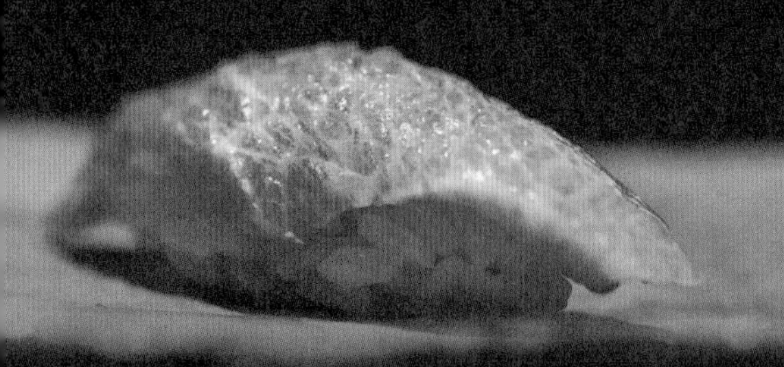

大腹（油脂肥美的金枪鱼肉）
OTORO

幼鰶
KOHADA

明虾
KURUMA EBI

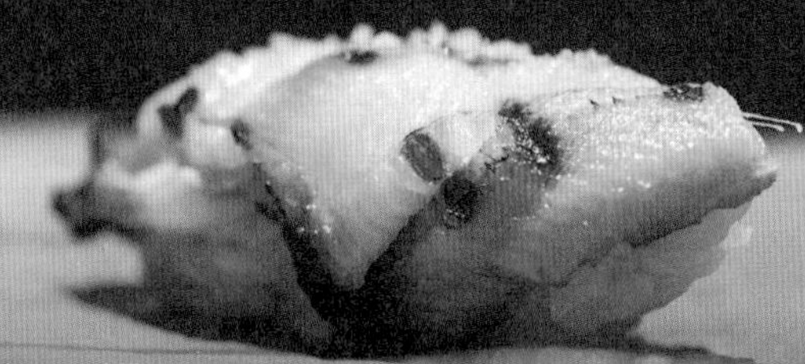

星鳗
ANAGO

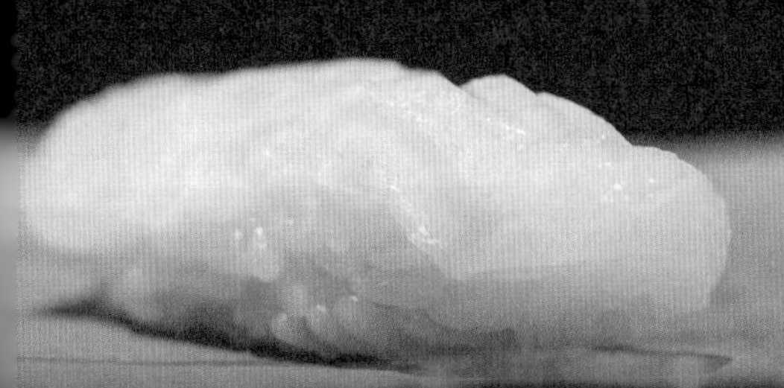

比目鱼
KAREI

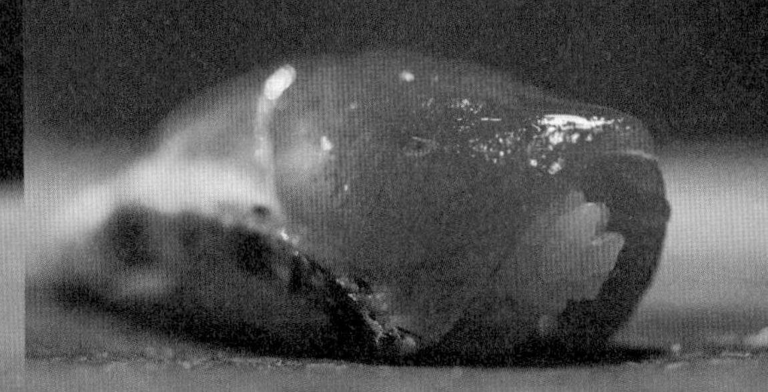

鲣鱼
KATSUO

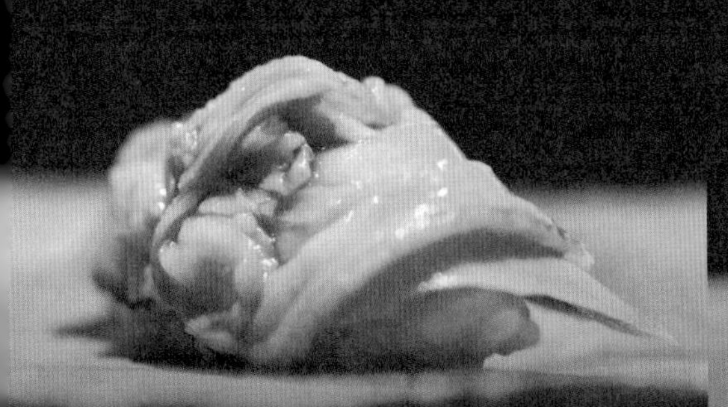

文蛤
HAMAGURI

玉子烧
TAMAGOYAKI

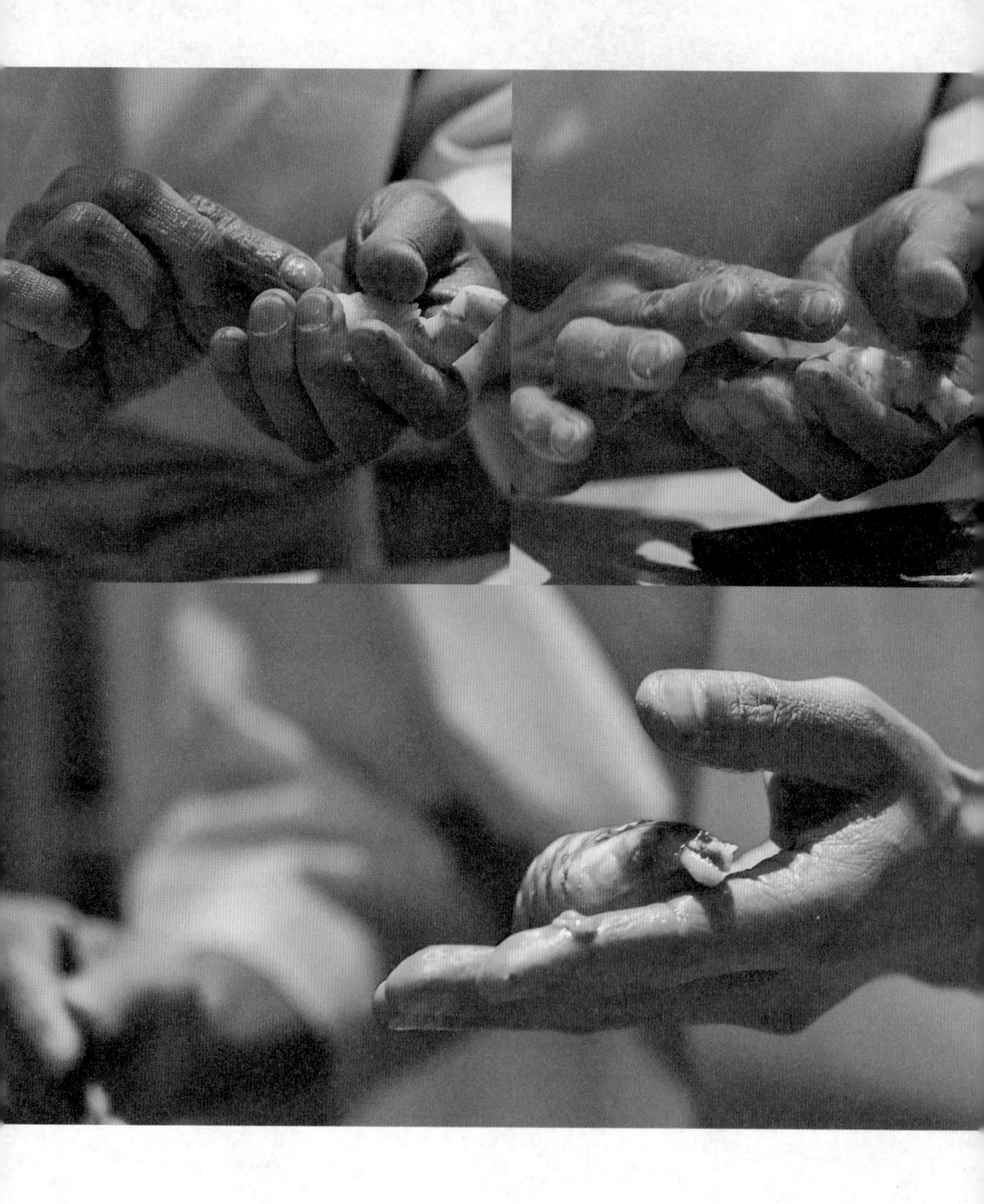

吃寿司的法则

用手拿起来吃

吃生鱼片的话当然要用筷子，但上等的握寿司十分纤细，除非你使用筷子的技巧达到出神入化的境界，否则反而很有可能会破坏寿司本身的一体感。在寿司店，用手吃不仅是完全可以被接受的，而且比较优雅。不过记得手要先清洁干净。

醋饭也很重要

米饭才是这场寿司好戏的主角。要是二话不说把饭蘸满酱油，可就破坏了大多数寿司师傅长年在这上面投注的心血。请微微倾斜握寿司，尽量不要让饭蘸上酱油，改以上面鱼肉部分的边缘蘸取少许酱油后食用。

入店随俗

真正的寿司大师，对于寿司最理想的呈现方式自有独到的见解，因此也会特别坚持寿司与芥末、酱油之间的平衡。吃的时候请保持寿司最原始的状态：别加姜（这是用于在两贯寿司间去除嘴里多余味道的），别在酱油中放芥末，还有一定要一口一贯。切记，一贯永远是一口就要吃完。

跟上步调

一场极致的寿司飨宴可不是一般的交际出游，而是你与吧台后面的师傅之间的深度交流。这其中多少意味着，你得在握寿司捏好时赶快入口，这样才能品尝到巅峰的美味。请收起智能手机，要聊天的话就等到吃完寿司后去酒吧再聊吧。

一夜体验

夜宿情人旅馆

匿名入住

东京的高峰旅馆（Hotel Takamine）也会有人独自投宿，但仍然是一家情人旅馆，是避人耳目私会的好去处。通过计算机屏幕即可办理入住与付费。

点酒

烧酒在这里很受欢迎。一次点一整瓶，就不用三番两次请人送来。客房服务人员可是非常害怕打扰了顾客的好事。

8pm　　9pm　　10pm

浏览菜单

这家情人旅馆有别于其他同行，备有完善的厨房以提供餐点。老手通常会在入住前先填饱肚子，不过，对你和爱人来说，一起用餐也算是前戏的一部分。

大快朵颐

建议点 1950 日元的炖鱼头来吃，滋味鲜美多汁。

搭出租车回家

没有人会真的在情人旅馆过夜。白领男子和疲惫的女性会请戴着白手套的出租车司机载他们返回平日所熟知的东京。

11pm　　12pm　　1am

搜刮助兴用的迷你贩卖机

是时候做好齐全准备了。保险套免费，其余的就找找迷你贩卖机吧。

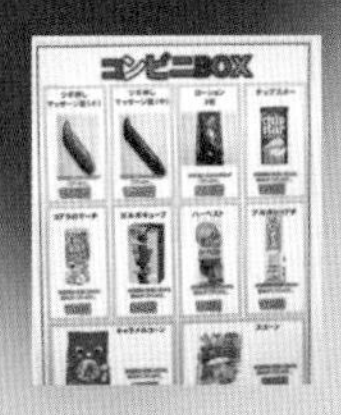

该行动了

在午夜尖峰时段，带宽不堪高流量负荷，看不成片子了。这时，除了办“正事”也没别的事可做。

第二章 大阪

事情的经过是这样的：你在餐厅长长的吧台前坐了下来，这里感觉就像别人家的厨房。独自一人的你有些紧张，不确定该先点杯酒来喝，还是问问吧台后的男子今天过得如何。男子感受到了你的焦虑（毕竟外国面孔在这附近并不常见），离开片刻后回到吧台，手上抱着好几瓶喝了一半的酒往你面前一摆，仿佛是在叫你闭上眼睛随意指一瓶，而你也照做了。

渐渐地，餐厅挤满了人。角落里一对夫妻在微微散发出热气的铁板前调情。有一行四人悄悄地滑进你身旁的吧台座位，其中男性有着状如尖刺的发型，女性则身穿裙子、戴着粗框眼镜。

第一杯黄汤下肚，此时气氛依然不自然，一片沉默。一盘温热的布法罗莫泽雷勒干酪登场，上头撒满了粉红胡椒粒。干酪强烈的风味与胡椒粒的香气相辅相成，吃进嘴里既浓郁又富有口感，每一口都像在预告，今晚将和你在日本度过的其他夜晚截然不同。

喝下第二杯，邻座的人看了过来，想与你干杯。眼前接着送上另一盘料理，盘中有着炙烤过的章鱼，卷曲的紫色触足宛如蜿蜒的藤蔓，与稍稍捣碎的温热土豆相互交缠。

第三杯酒灌了下去，你开始测试起自己的日文能力："挖搭系哇马特爹斯。California卡拉起吗洗搭（我是马特，来自加州）。"话一出口，就连原本面无表情地坐在角落独自吃着意大利面的上班族都不禁笑了出来。众人将杯中酒一饮而尽，向你致意。

等到你转而喝起清酒时，眉毛上方已出了不少汗。起先你以为这是由于众人在狭窄的餐厅里情绪高涨地喝酒欢腾，还不停地争相玩起自拍的缘故，但接着你就看见吧台后的大婶正测试着铁板，撒上的水珠在接触到板面后不停嗞嗞作响。她摆上几片猪五花，再投下一勺面糊，用心地将面糊在肉中渗出的透亮猪油中煎至酥脆。将煎饼翻面后，涂上一层厚厚的深色浓稠酱汁，撒上木鱼花装饰便大功告成。木鱼花在热腾腾的煎饼上摇曳，有如弗拉明戈舞者一般舞动着双手。大婶面带微笑，将铁板上的煎饼推至你面前。

正当你准备结账，那对夫妇拿出了家族相簿在吧台上翻阅。邻座的四人于是飞快地把椅子挪了过来，距离近到你都能闻到他们的言谈间还萦绕着灰皮诺葡萄酒的香气。其中一人是下了班的厨师，你和他约好一起去吃箱形寿司；另一人则想带你去一间只卖烤内脏的秘密小店开开眼界（等你回到饭店，Facebook上已有四条加好友请求等着你按下“接受”）。

在离开之际，店里的人全部起身欢送你到门口。男性热情地和你握手，女性原先表现出些许迟疑，但还是给了你一个大大的拥抱作别。你呆站了一会儿，不晓得该如何感谢他们给了你如此美妙的一夜。最后，你尽可能地弯下腰，缓缓地向他们鞠躬致谢，而后不情愿地举步离去。走到街角时，你最后一次转过身想做个确认，而他们果然都还在那里——整个餐厅的人静静地目送你消失在夜色之中。

日本自古以来有句俗话：东京人把钱全用来买鞋，京都人则用来买和服与正式衣装，但大阪人则是把存的钱全投资在饮食方面。日文中的“kuidaore”恰好形容了大阪人的这种习性，意思就是不惜成本地大吃特吃。

可惜，大多数到日本一游的人从来没机会在大阪饱尝一顿美食，直到撑得无法思考，因为大半来自美国跟西欧的游客根本不会路过大阪。他们倾向于拜访东京，沉浸在欣赏日本巨型繁华都市的各种风貌中，然后搭上电车前往京都，游览神社、寺庙与日本庭园，或以长镜头捕捉艺伎的身影——而他们会这么做也是应该的。在人们看来，大阪的规模与地位比不上东京，也不像京都拥有悠久的历史文化与令人着迷的和风之美。相关旅游文字也不怎么能激起外来客对大阪的兴趣，《孤独星球》杂志（*Lonely Planet*）还告诫读者：“大阪不是个吸引人的城市。”其他导览手册向读者透露的讯息也多半是雷同的负面评语。

然而，大阪好像并不在意。历经一千五百年剧烈的波澜起伏，这座城市已是百毒不侵。公元 645 年，孝德天皇选择在当时被称作难波的大阪建造日本首都，然而就在短短十年后，政权中心地便迁往了飞鸟。744 年，大阪再度成为首都，但这次历时更为短暂——公元 745 年，日本的政治中心已由奈良取而代之。

待迈入 16 世纪，大阪又得以重返政治舞台的核心。1590 年，被誉为日本第二位一统天下的霸主的丰臣秀吉命人建造的大阪城顺利竣工，在当时堪称举国最雄伟的大城池。秀吉之子秀赖接手统治后，选择以大阪为大本营，但敌手德川家康却是另有盘算。1615 年，德川家康攻陷大阪城，迫使丰臣秀赖及其母亲自尽，建立了江户幕府，其中心所在地即为今日的东京。

尽管此后大阪依旧是一处重要的商业枢纽，却也在接下来的三百年间遭逢一连串动乱。除了 1855 年动员全市近四分之一地区的农民被动员起来参加集体抗议行动，“二战”期间还成为美军袭击关西地区时的主要目标。美军也许赦免了邻近的京都，却看准大阪的铁路与广阔的工业地带，以燃烧弹全力攻击。两千吨的炸弹与一万条人命一同逝去，大阪旧日荣景不再，独剩断壁残垣。战后重建则是进行得十分仓促，欠缺足够的规划与考虑，也因此让大阪褪下了昔日那不曾逊色于今天日本多数现代都市的璀璨风华。

即便在千余年间历经种种不幸，大阪一直仍是日本饮食文化的核心重镇，始终不曾改变。早在 15 世纪，此地便享有“天下厨房”的美名。彼时，乘着大阪湾这个地利之便，造就了富裕活跃的商人阶层，因此有了财力去讲究美食（如今“赚得如何［mokarimakka］？”仍是当地方言中标准的问候语）。日本各地的领主会将稻米、海带及日常必需品运至此地，好通过大阪拥有的庞大市场体系进行交易。这里同时也是日本迎接来自中国、韩国及其他国家的船只输入各种重要食品的门户，这更加孕育了大阪对于美食的崭新品位与欲望——一场盛大的饮食飨宴自此揭开了序幕，延续至今。

我从东京站搭电车前往大阪天满一带，直到下车前才吃完便当。在这里工作且与多家高档食品制造商有往来的朋友 Yuko Suzuki 和我约好在车站碰面，接着为了找地方填饱肚子，我们便二话不说地冲进天满狭窄蜿蜒的街巷里。这类寻访“高热量”的差事可说是 Yuko 的天职，她不仅能指引你吃到市内最棒的鸭肉荞麦面，还能告诉你那家餐厅鸭肉的来源和研磨荞麦粉的方法。

我们的第一站“Tsugie”是一家格局方正、烟雾缭绕的小店，中央的大型炭火烤架上铺着各种我不熟悉的动物部位。这里主打的是大阪特产烤内脏（horumonyaki），主要使用动物内脏和其他大部分餐厅（以及对美食较没鉴赏力的地方）会弃而不用的部位。“在京都，这些部位都会被扔掉，”我们一边移动至餐厅角落的位置，Yuko 一边说着，“但对大阪人来说可是一大美食。”

Yuko 向我说明了大阪的年轻餐厅老板都是些什么样类型的人。他们反抗日本餐厅顽固的传统文化，专注于如何迎合当务之急——也就是兼具乐趣和美味。于是一切渐渐走向开放式厨房配上震耳欲聋的音响；店员减少但增加了打趣与互动；更加浓厚震撼的风味却有着更低廉的价格。“Tsugie”的店主山川刚史可以说是前述精神的代表：接了

照片为“Tsugie”的烤牛杂，这里是大阪众多的烤内脏专门店之一。

我们的点单之后，他把几磅重的牛小排去骨，将餐厅里的爵士乐改成金属摇滚，然后拿起扇子扇了扇炭火，为我们满上了两杯无可挑剔的生啤酒。总之一句话，看上去就好像今晚是他人生中最快活的夜晚。

我们起头就从重口味的开始。牛的第三个胃切成大块，肉生而滑溜，搭配着麻油和小葱一同登场。再来是粉色的侧腹牛排和牛小排、切成条状以柚子胡椒调味的软嫩生牛心，以及滴着姜汁酱油的美味烤牛舌。

店内并没有座位，一道道菜全得站着吃，再一边畅饮啤酒和清酒，一边把食物痛快地吞进肚子里。这便是日本近来很流行的“立吞”(tachinomi)，字面上即有“站着喝”的意思。由此可以窥见饮食习惯正逐步转型，人们看重味美价廉，更胜于追求日本传统餐厅“料亭”的庄重与高级感。这种饮食形态也许并非发源自大阪，不过若是在入夜后到天满的街上闲晃，就会看见川流不息的上班族、打扮时髦的人群，以及年轻情侣，边“立”边“吞”，仿佛这是他们发明的一样。

过了一会儿，为了进一步探究“立吞”的奥妙，我们动身前往位于西区隐秘地带的意式居酒屋“Mashika”。在这个热爱意大利面的国家，日意合一的风格算不上什么崭新的尝试，但这间居酒屋却与众不同。首先，这地方其实根本不能说是餐厅。白天会由老奶奶在这个小空间卖香烟，太阳下山后，就换孙子燃起炉火大展手艺。一群三十岁上下的大阪客人一边灌下意大利开胃酒，一边将各种美食装进胃袋，例如猪肉肠、生鱼片，或是萝卜泥佐意大利面装饰以甘鲜海味生拌秋刀鱼这般神秘的混搭料理。菜单明明完全没有规则可循，但似乎也没有人在意。

后来，中本由美子小姐与我们会合。她是大阪发行量最大的饮食杂志《甘辛手帖》的主编。我们随她前往时髦的“SAMBOA”酒吧，准备享受片刻的威士忌调酒时光。在这里，身穿正装的调酒师能在短短十分钟内，让平凡的威士忌苏打摇身成为令人惊艳的饮品。

“看到了吗？”中本小姐一边说着，一边指向手握修长银匙的调酒师。“每个细节都是关键。大阪人对食物抱持着超乎想象的热情，人们会想要坐上吧台，和邻座的人闲聊，以及跟厨师谈天。”

中本小姐与我在这里遇见的大多数人一样，并不怯于展示自己有多爱大阪，同时也大方坦承与关西近邻之间的竞争关系。

“法国人、中国人和京都人的共通点便是都自认第一，我们倒是没把排名放在心上啦。”

为今晚这场大阪巡礼画下句点的就是“天平”。这里也同样是间方正狭长的小店，配备有六人座的吧台和两张四人座的桌子。墙上挂着的菜单只有三样：煎饺、腌菜、啤酒。煎饺是日本改良中式猪肉饺子而来，不仅缩小了尺寸，也更加精致，体现了日本一贯的作风——所有东西到了他们手上几乎都会变得更加小巧精美。毋庸置疑，这也是经典下酒菜之一。

我们把每一样都点了四份，然后往桌位就座。

于1952年开设“天平”的浦上惠美子，据说正是开发出一口大小煎饺的人。如今这种煎饺已在市内普及且广为大众喜爱，对此她表示：“把煎饺做成那样，是因为我的手很小。”她边说边翻动手掌，让我们能够亲自确认。“看到这里的掌纹了吗？这表示我会发大财。”不论这种煎饺的创始人是否真的是浦上女士，可以确定的是，她的确掌握了精髓。用铁板煎出的红褐色饺子闪烁着油亮的光辉，每当轻轻咬下，温热的肉汁便会自软嫩的外皮内奔流而出。我们狼吞虎咽地忙着一口接一口，一时陷入了沉默。

浦上女士身形圆胖，脾气执拗。如同老兵在战争中留下的光荣战痕一般，你能看出她在数十载的煎饺人生中身经百战。“我做这一行已经六十二年了。想一尝为快的人多到得从街口开始排队。”她说。

“想必你一定非常喜欢煎饺。”我随口这么说了一句。

“完全没这回事。我其实并没有很喜欢。”

这一趟沿着记忆长巷的回溯之旅或许让浦上女士感到些许疲惫，她在我们的桌前坐下，专注地盯着我们努力地把一百五十个煎饺扫光。每当我放下筷子，她就会碰一碰我的手臂，比划着要我别停。“吃！吃！”我们每一个人，尤其是我，都不想让她失望。但我不晓得该如何告诉她，来这里之前我们已去了好几间店，而我的胃早就被牛肚、萝卜泥意大利面，以及我所深爱的这个城市带给人的温暖与深奥的乐趣给填满了。于是乎，我只能继续把饺子一个个吞进肚子里。

在大阪的第一个早晨，我目睹了一件无比奇怪的事：有个男的无视交通信号灯直接穿越马路。实际上不止一人，而是不论男女或是年轻学生，都在红灯亮起的情况下横穿大街小巷。世界上的大部分都市或许都不难发现这种行为，但在日本却比雪豹还少见。即便是朦胧的

居酒屋 とよ

一同见证下班后
日本人性情的戏
剧性转变。

清晨时分，在东京街头最狭窄、最少人车往来的路口，你依然能发现夜店小姐和黑道分子耐心地等着绿灯告知他们何时才能通行。

有句知名的日本俗谚说："锤打出头钉（出る杭は打たれる）。"日本是秩序及公民服从的典范，构筑社会的某些部分十分井然有序，相较之下，连瑞典等斯堪的那维亚诸国都会显得马虎。大体上来说这的确是值得赞誉的美德：不论是分毫不差地准时进站的电车，还是好似能映出倒影的洁亮街道，或是趋近于无的犯罪事件——其中尤数暴力事件格外罕见。但对我们这些比起准时到站的电车更想来点突发惊喜的人来说，日本有时真让人感到有些喘不过气。

而大阪就是明白了这一点。这里人人奉为信条的谚语显然随和多了，曰为"十人十色"，也就是形容人各有特色。普遍主宰着日本的那般过于受到整顿的同质化（有些人会说成是呆板拘谨），在大阪则是被更为多元、也更教人熟悉的景象所取代——由贫穷与富贵、干净与杂乱，还有风雅与世俗交织而成。即便和日本其他城市相比，大阪也是个十分巨大的都市，大阪市区连同近郊就有超过一千九百万的居民。旅游手册说得并没有错：大阪不是个美如模范的优美城市，也没有特别悠久繁华的文明发展，反而是高楼与烟囱、精品名牌与贫民窟拼凑而成的集合体，却也同时更贴近我们大多数人所熟知的生活百态。

有了上述认知，你就不会对大阪是庶民饮食文化的核心这一点感到意外。这里最有名的料理便是御好烧（厚实味美的煎饼，夹着各种蔬菜与肉类海鲜）跟章鱼烧（高尔夫球大小的球型面糊，在柔嫩的内馅中心包着一块弹牙的章鱼肉），两者皆是用来垫胃的下酒菜，富含碳水化合物和油脂，正可满足那些不爱按常理出牌的大阪人。市内御好烧和章鱼烧店家星罗棋布，尤其在道顿堀的电器街，店面更是密集。道顿堀是大阪一大娱乐地带，卡拉 OK 店、牛郎俱乐部，以及贩卖便宜高热量食物的摊贩在此纵横交错，还能看见各种金属制动物广告牌如飞龙、螃蟹、河豚等点缀其间，好似在照看着底下激昂快活的人群。数个畅饮三得利啤酒之后的大阪之夜，我都会来到章鱼烧摊子为夜晚画下句点。无私的老板总是不畏辛劳，翻转着包入章鱼的面糊直到染上焦色，让那些像我一样的人，能带着满足感酣睡整夜。

在大阪没有什么比“食量”更为宝贵。聪明人会留下充足的胃口，来享受隐藏在这座城市的秘密美食。想在大阪街头找到最棒的料理，就得不顾一切只管向前冒险迈进。新世界一带是出了名的杂乱街区，当年此地效仿纽约与巴黎而建，虽曾繁盛一时，却在战后的萧条年代成了孳生各种恶事与犯罪活动的大本营。然而，这里除了推销员、骗徒、弹子机店跟娼妓，还能找到更符合你所需的东西——炸串（kushikatsu）——一种从此地发祥的小型炸肉串与炸蔬菜串。大阪有众多餐厅将炸串改良得更加精致，售价也因此飙涨百分之五百，但这不会是你想要的，你只想要在这里吃炸串吃个过瘾。新世界一带有许多炸串店沿着街道延伸，吸引老夫妇和工人们前来大啖油炸小吃。人们会各自宣称某家店比另一家店更美味，但是谈起油炸肉料理，别计较太多才是上策。

我们在好几十间外观几乎一模一样的小店中挑了一间，找到位子后便二话不说地把菜单上的品种点了一轮，把坐在我们左侧一位两手都拿着酒罐的水管工给吓了一跳。接着，炸肉串马拉松正式开跑，吧台后两位老先生各显神通，一位负责经手三道关卡（蘸裹面粉、蛋液、面包糠），另一位负责照看油锅，手法利落得好比南北战争时期北卡罗来纳部队的厨子。吧台上有张告示清楚地写着吃炸串时唯一必须遵守的规矩：“绝不蘸第二次。”如伍斯特沙司般的浓稠酱汁是炸串的必备蘸酱，切记食用时只能蘸取一次。

金黄油亮的炸串飞快离锅，其滋味不曾背叛人们的期待，又咸又脆、肉汁四溢。店家还会提供生卷心菜叶，用意就如同让顾客去除口中油腻的薄荷糖。但是，至少以这间店来说，蔬菜的身影可说是寥寥无几。

我们待得越久，原先对新世界的格格不入感越是逐渐消弭。在享用完又一轮的炸串之后，萦绕在这一区的油腻气息仿佛转化成了一种芳香疗法；弹子机店里发出的电子游戏音，听在耳里变得好似肯尼·基（Kenny G）轻快的萨克斯风乐。我们一路散步返回大阪市中心，此时的我已十分肯定，在这一带最危险的举动，就只是吃炸串的时候蘸两次酱料。

然而，要体验大阪饮食文化的精髓，并不是在新世界饱尝来自街头混混的凶狠目光，或者在道顿堀一只巨大机械螃蟹广告牌旁边用餐，而是存在于一个你意想不到的地方。在离京桥站几百米处的某条街上，一间乍看之下比起用餐场所，更像处理旧货或收留流浪汉游民的店家。居酒屋“Toyo”的一切都看似不合常理：厨房就架设在小货车的载货处，餐桌则是用朝日的黄色啤酒箱堆栈而成，而营业时间也和店

阿丰先生与他的炙烤鲔鱼是大阪的一道经典风景。

里种种装潢一样毫无规律可循。不过通常若是于下午四点之后造访的话，会发现成群的大阪年轻人排成一列，一手提着公文包，一手划着iPhone，迫不及待地想在Toyo来场“立吞”体验。

注意！你可找不到更好的地点来见证下班后日本人性情的戏剧性转变。每到傍晚五六点，日本各城市的上班族男女从白天囚困他们的耀目钢结构建筑中解放，不假思索地前往最近的居酒屋，想借着大吃大喝忘却工作的烦恼。本来安静拘谨地在你身后排着队的他们，过不久便找回了活力。男的解开领带，女的放下头发，热情奔放地齐声高呼“干杯”，原先束缚着人们的主从关系与规则亦随着一次次的啜饮逐渐消融。有些人的脸色由荞麦面的米白变为味噌般的深黄，最后转成生金枪鱼肉般的红色，这意味着他们正逐步放下矜持——这是你肯定会想就近观察的景象。也许与你脑中构筑的日本印象形成强烈对比，但这一切正是日本的奥妙之处：人们在白昼建立起的一连串信条与观念，都是为了在日落后亲自摧毁。你以为日本人很保守、很含蓄、很严谨？不如找张桌子，摆上满满的食物和啤酒，再找几位新朋友一起加入，然后就等着看端正守纪的态度瓦解吧。

而助长这般现象的其中一人即为筑元丰次。被人们称作“阿丰先生”的他，不仅是这间杂乱却美妙的居酒屋的老板，同时也身兼大厨一职。他年近七十，外表短小精悍，头顶光滑，眼中燃烧着烈火般的热情。他在炉火前滔滔不绝，像个职业拳手一样在脖子上缠了条毛巾，嘴边叼着一根点燃的烟，手里的喷火枪则是火力全开。店里的菜色各走极端路线，菜单中有一半的料理都是生食：鲜红金枪鱼块配上成堆的新鲜芥末泥；圆滚滚的海葡萄在入口后有如鱼子酱在口中迸裂，刺激着上颚；或是用薄脆的海苔包住一粒粒晶莹剔透的鲑鱼卵。

另一半料理则多半会经过喷火枪的洗礼。金枪鱼在他的巧手之下，变成了拌炒版的炭烧刺身，在烤过的鱼肉上淋一些橙醋，再拌以大量小葱。鱼头以猛火烤至颊肉微焦、鱼皮嗞嗞作响，而鱼眼则化至适度的浓稠状，方便用筷子夹食。就连呈橘色舌状的甘鲜海胆，也在阿丰先生的喷火枪下，被赋予了如烤布蕾一般的口感。要知道，由于海胆的甜味极为淡雅，随便加热烹调海胆在料理界常被视为邪门歪道。

在极致生鲜与大火炙烤之间反复来回，阿丰先生在制作料理时，整个人就像被某种执着于烹调的精神分裂症所缠身。他会时不时抬起头，对着目瞪口呆的旁观者热情洋溢地比出大拇指，但大部分时间目光都紧盯着火力与菜肴，一边自顾自地发出无人能解的阵阵轻笑。在日本某些地区的料理圈子，有屋顶的建筑物才叫餐厅，端出的食材也伴随着一份责任。若是在这些地方，阿丰先生可能会因无视传统与基本礼节的罪名而饱受严厉的指责与批评，但在大阪，饮食是一种消遣娱乐，规矩就该用喷火枪烧个精光，也因此，阿丰先生在这里成了人人崇拜的英雄。

但这并不是说大阪人对待料理没有严肃正经的时候，毕竟这里的精品店数量胜于巴黎，摘下的米其林星星也比纽约还多。不过在大阪，即使是高档餐厅，也仍保有热情好客的作风，让人再次确信自己上门是为了要吃得开心，而非连点个菜都要刻意跟服务生轻声细语。这一点倒是更像大众餐厅。

此等精神的核心代表便是“割烹”(kappo)。以吧台为主的用餐模式，几乎全然消弭了厨师与顾客间的身份差异。厨师会先解说菜色，接下点单，在面前近在咫尺处进行烹调，再伸手横越吧台，亲自为你呈上餐点。如果这听起来很熟悉，那是因为现今在全世界有许多一流餐厅都仿效这种做法，包括纽约的“Momofuku Ko”，以及巴黎的“侯布雄法式餐厅”(L'ATELIER de Joël Robuchon)。

从大阪各处多样的餐饮风格都能窥见这种“吧台”哲学。“浪速割烹·喜川”可以说是市内割烹料理的中枢，也是现代割烹手法的发源地，至今也仍持续培育出许多当地出类拔萃的年轻厨师。店里提供了近一百种菜肴，道道都符合当令时节，且全都使用大阪的上等食材来制作。在备受西方著名主厨喜爱的“Kahala”，主厨森义文将多种价格高昂、鲜为人知的本地食材以共计八道菜色的套餐形式呈现，最后用形如法式千层酥的五层嫩牛肉搭配现磨芥末来做结尾。而在“山形屋”，主厨将自家吧台化为专门提供关西牛肉的宝库。他受烤内脏所启发，为顾客提供来自一整只牛的各种珍贵部位：牛心刺身佐以外皮烤至焦香的毛豆、涂满香菇味噌酱的烤牛舌，以及四盎司以新鲜花椒粒与陈年酱油调味的嫩腰肉。

然而说起我最中意的割烹店家，你得沿着狭小巷弄前行，它就在距喧闹的道顿堀仅有几条街之处。“和洋游膳·中村”采用了极为纯粹的大阪式吧台用餐模式，一走进店内就会先看到主厨中村正明露出笑容立于吧台之后，并在你就坐时鞠躬致意。他会和你聊天，询问今天过得如何，然后仔细探量你的口腹之欲，询问你对餐点的期望与忌讳。

“我看一看就能立即知道你想吃什么，”他说，“我也能看得出来你有多少兄弟姐妹。”

中村先生神准地猜出了我最爱的颜色（蓝色）跟星座（水瓶座），接着便拿出一整支在日本春季十分常见的白皙嫩笋。“这是早上才从加久见运来的。滋味非常甜美，很适合生吃。”他剥去笋壳，切下一片薄片，越过吧台递了过来。

随后他开始动手进行调理。首先拿起锋利的三德菜刀在约一英寸厚的笋片上划出刀痕，再放入煎锅加热，直到笋肉变软，且在表面因天然糖分而形成一层深色的焦脆面。与此同时，他在烤架下放了两团鱼白（附带一提，“鱼白”是隐语，说穿了就是精囊。在日本冬季及初春几乎到处都看得到这种食材，尽管有些人听了名称就觉得难以下咽，但其滋味绝对称得上是人间极品）。

中村先生在制作于明治时期的陶瓷盘子上摆进烹煮好的料理：有焦糖表层的笋块涂上了酱油，烤好的鱼白则佐上加入山蔬制成的味噌酱，外加两粒汆烫过的蚕豆。顿时，盘中春意烂漫，美得就像一张可以食用的明信片。我品尝了一口后放下筷子，抬起头就看见中村先生正直直凝视着我。

“看吧，我说过我能知道你想吃什么。”

这顿晚餐的后续于是以类似的步调继续展开：隔着吧台，主厨与我说笑几句，再展示一下食材，接着回去照看炉火，让食材能与我的口味完美结合。让人叫好的美食一道接着一道。刺身拼盘上满载着炭烤金枪鱼、厚块扇贝、刀工精细的乌贼和盖着海胆的迷你白虾。精挑细选的食材本身就能具有如此冲击力，我算是深刻地体会到了。以柚子花点缀的螃蟹高汤闪烁着光芒，体现了内敛低调所隐含的力量。温热的大福饼则填入樱花馅，再摆上一小条酥脆烤鳗鱼作装饰，如此充满季节感的创意料理，其美味已是言语所不能及。

中村先生不只看着我用餐，他还会看着每个人用餐的样子。这并非教人寒毛直竖的监视，而是怀着满腔亲切诚恳，期望顾客能真心喜欢这些料理。渐渐地，你会不禁怀疑店里是否除了他本人还有一两个替身存在。因为尽管他对每位客人都关切备至，且明明端至吧台的料理起码有一半由他负责，中村先生却总是一脸轻松，好似整个晚上都无所事事，只负责待在吧台另一侧笑脸迎人。

“我们可不会关起门来躲在厨房里做菜，”中村先生说，“大阪的饮食文化之所以如此特别，正是来自料理人与顾客之间的这种互动关系。”

在割烹式的环境下，一切都无所遁形——你会清楚知道虾汤里加入了甲壳类的头与卵，以及一小杯干邑白兰地；能看见厨师在片鳗之前，把钉子敲入还在不停扭动的鳗鱼头部；或是学到要完美地把鲜鱼肉片成无可挑剔的刺身，就应该要以四十度角入刀（若是喜欢自炊磨炼手艺的人，在“和洋游膳 · 中村”享用完晚餐后，就能顺便把专业主厨的手法与做派也“打包”回家）。同样是品尝一顿要价一百美金的晚餐，这里肯定会让你觉得物超所值——既满足口腹之欲，又具备教学及娱乐功效。

正当我准备结账的时候，一位打着亮蓝色领带的老先生主动与中村主厨攀谈。“你手上现在最好的食材是什么？有没什么让你很兴奋的宝贝食材啊？”这边话音刚落，只见中村先生伸手往下朝冷藏柜一探，拿出一大块霜降牛肉，密布的油花让人都快看不到红肉的部分了。

“A5 级近江牛肉。”餐馆内一时鸦雀无声。近江牛肉大概算是日本和牛之最，拥有上等的油花，也贵得离谱。

老先生“愿者上钩”之后，中村先生便着手开始料理。他一边煎煮着牛肉及金灿灿的胡萝卜块，一边拌入由奶油与香草调制的酱料。整个晚上，这是牛肉首次登场，等他将牛排翻面的时候，又有人加点了三份。没一会儿时间，所有人都愉悦地享用着这些美得让人心碎的牛排，只有我一个人盯着账单瞧。

“你确定要走了吗？”中村先生问道。我还没来得及答话，他就又切下了一块牛排给其他人。

当然，除了吃炸肉串、炙烤金枪鱼和根本像是鹅肝冒名顶替的肥嫩牛排之外，在大阪还有其他事可做，也就是那些与饮食无关的活动。例如，你可以前往海游馆欣赏阿留申群岛的水獭、巴拿马的河豚，或是跟一台小型校车差不多大小的鲸鲨，等等，这里饲养的海洋生物数量在全球名列前茅。你也能一访市内众多馆藏丰富、风格奇特的博物馆：日本民家集落博物馆在一片都市中保留了昔日的乡村生活风景；东洋陶瓷美术馆有着世上最丰富的清酒酒器馆藏；日清拉面博物馆则能让人在此制作专属于自己的泡面。花上一整天泡在适泊温泉大世界（Spa World）也是个不错的选择。这里好比温泉界的迪士尼乐园，能带

被青白色灯光点亮的道顿堀后巷。

游客穿越时空，体验宛如置身于卡普里蓝洞、希腊风药浴澡堂，或是特莱维喷泉的泡汤时光。

又或者你可以前往梅田附近测试一下自己的口袋深浅，保证是个永生难忘的经验。这一带汇聚了众多百货公司，不论密集度或规模在日本都堪称数一数二。比方说十三层楼高的阪急百货，就足以让消费者花上大半辈子一探究竟（小提醒：一定要去地下美食街，在这里待一小时所能领略到的日本饮食奥妙，胜过花一星期吃遍街上各家餐厅）。另外，充满绿意的御堂筋是大阪最宽阔、树木最多的街道，可供人漫步于此，沉浸在名牌阿玛尼与迪奥交织而成的购物天堂。（或是跟我一样，想想这些拿来买服饰、名牌包和其他不能吃的奢侈品的钱，能够换来多少等值的近江牛肉和鱼白！）假如你对游逛商业中心和璀璨的街道不感兴趣，那不妨试着前往橘子大街（Orange Street，又名立花通）消磨整个下午。这是让追求流行的族群为之疯狂的一条街，有着各式古董店、精品店与咖啡店，绵延将近一公里。每一间店看起来都像经过精心布置，好满足你拍照分享到 Instagram 上的欲望。

但是说到底，你如果来到大阪，就应该致力于吃喝，尽情沉浸在欢愉的气氛中才是。为此，最好的方法就是遵循古法来场饮食巡礼，寻觅此地“大吃特吃”的精髓。一个个随兴又刺激、不停又吃又喝、与人交际的漫漫长夜，促使你自己、你身旁的人，以及整座城市去探索自身的极限。

我在大阪的最后一晚，Yuko 决定与我们这群乌合之众重新会合，并领着大家走遍“天下厨房”各方鲜为人知的角落。

米，面，鱼

这场巡礼的起点，始自大多数美好巡礼会选择作为最后一站的地方：储藏大量清酒的阴湿地下室。岛田商店是一家清酒经销商，在店铺里积存了严选自各地的上等日本酒（老板告诉我，为了增加酒品的种类，他们亲自拜访了超过两百五十家酿酒厂）。不过，一旦沿隐秘阶梯往下走，就会踏进地下品酒房，可以看见随处四散着运输用的酒桶和喝了一半的酒瓶。我们一踏入这里，一群貌似有整整一周待在这里不见天日的顾客们一齐发出了阵阵咕哝。

岛田商店采用信用制，你可从店家收藏的优美陶制酒杯中选择一个，再由一排冷藏柜里挑出想喝的酒，最后在饮酒之夜结束前自行汇总所饮用的金额便行。那么就开喝吧！

我们以广岛的气泡清酒暖身，再来是来自石川县的纯米大吟酿。石川县是日本一流的清酒产地，这酒一旦入口，便像一股清流散发着核果与春华的芬芳。另一台冷藏柜则存放着经年熟成的清酒，称为“古酒”，这里我们大胆地选择了一瓶熟成十二年的京都货。古酒只占日本清酒总产量的一小部分，质量优劣落差极大，至今依然评价不一。我们手上这瓶酒色深沉且略带霉味，恰如这间品酒室给人的感觉。

喝了这么多，总得吃些东西来垫垫胃。我们点了店内种类为数不多的几样配菜：和歌山味噌、紫红色的腌制梅子，以及加清酒提味后、出奇可口的奶油干酪，而这些全都完美地衬托了我们灌进肚里的酒。

日本酒的后劲总是悄悄地袭来。一开始，其滋味顺口、凛冽且芬芳，仿佛良药一般滋润着喉咙。你感受不到酒劲，也不觉胃部灼热，更无明显征兆警告你这酒喝多了容易醉，有的只是淡雅的甜味和经发酵后生成的大地气息。盛装清酒的杯具多半精致小巧，仅比计量威士忌的杯子稍大，也因此更叫人不知不觉地一杯接一杯。然而，一旦动起真格，你与酒伴不停地为彼此斟满酒杯，在不允许杯子空下来的情况下，酒劲便会一股脑地涌现。

日本四十七个都道府县，仅有一处不产清酒——鹿儿岛县。这里的人把对酿酒的雄心壮志都投注在“白薯烧酒”上头了。我们趁着夜色初降，展开一段美酒行旅。长野、秋田、奈良、仙台、冈山……我们通过杯酒走访日本，以小小酒杯验收各地的收获，探寻都道府县之间的分界，品味因天候地貌而生的细微差异：新潟群山的融雪，来自奈良外侧桂川的清新水流，以及冲绳的漫漫日照。只须好好饮上几轮清酒，就能带你急速环游日本一圈，比搭新干线还快。

在杯酒幻梦之中，我的笔记不知何时变得潦草，布满了味噌污渍与清酒的痕迹。尚可辨认的形容词与名词各自独立、互不成句，随着夜深，字词也益发抽象奔放：

烤芦笋……草莓田……液态火球！

岛田商店就像《爱丽丝梦游仙境》（*Alice in Wonderland*）中的兔子洞，人只要跳了进去，很快便会迷失自己。或许这就是为何店家一到七点整就二话不说准时关门的原因。我们被老板拿着扫帚驱赶，犹如一群喝醉酒的老鼠，在炫目的街灯下慌忙逃窜。

“如果我们想继续撑到午夜的话，就得吃点像样的食物。”Yuko 这么说。在这段前途茫茫的大阪冒险旅程当中，她就像是指引众人道路的明灯。“我有个好主意。”

在大阪，有不少隐秘低调的用餐场所。除了那些在日本随处可见的“谢绝生客”、须靠熟人介绍才能进入的餐厅，还有各种位于私人住宅与公寓的秘密店家也分布在市内各处。一位夫人X（这位女士希望能避免提及她的真名以保护自身经营的店）站在公寓门口迎接并引领我们进入。公寓内部是一处装潢典雅的下沉式空间，沐浴在温暖和煦的灯光下。开放式的厨房逼近专业等级，若是坐上吧台座凳，做菜时的一举一动便尽收眼底——鸡肉迸出的油脂在煎煮下弹跳飞跃，铁锅里热得冒泡的蔬菜嗞嗞作响，背景音乐则配上流浪者（Outkast）的哼吟声。

我们往角落一挤，在一张高度及胸的桌边坐了下来，从这里甚至能将下方住宅区的街景一览无遗。两名年近四十、外表迷人帅气的男士过来与我们同桌，即便今晚是历经漫长一周的工作后才迎来的星期五，他们却仍然穿着整齐笔挺的西装。原来他们是美国联合航空的员工，而从清空酒瓶的架势与速度来看，显然是很想借此忘却过去一周发生的事。“等等，你来大阪做什么啊？”其中一人一边自口中散发出梅洛葡萄酒的香气和一丝狐疑的语气，一边如此问我。

X夫人回到客厅，往餐桌上摆满今晚的特选料理：浸在高汤里的炸豆腐，上头点缀着舞动的木鱼花；以高汤与清酒煨煮的春季时蔬；还有这里的私房菜——铺满小小的白色小沙丁鱼的特制比萨。既然有我这位外国记者在场，餐间的话题自然而然就转向了大阪。

在此刻，我得知了不少有关大阪的趣事：

- 大阪人很能搞笑。日本职业搞笑艺人超过百分之五十都来自大阪（虽说京都与大阪仅仅相隔二十分钟车程，但相较之下京都人就显得相当无趣。这一点，获得了餐桌前其他人的一致认同）。
- 大家都以为东京的寿司是日本第一，但他们都错了。最棒的寿司其实在大阪，因为这里能找到顶级的渔获。那些对吃很讲究的东京人，甚至会为了品尝一顿晚餐而专程乘车南下。
- 大阪清酒实为极品，因为这里拥有非常好的水质（聊到这里，话题也从法国葡萄酒改谈起大阪清酒……好的，我明白了）。
- 大阪人喜欢外国人，即便对方都还没全心接纳这个城市。“记得多多推荐别人来大阪玩啊。”老哥，这正是我在做的事呢。
- 为了庆祝职业棒球队“阪神老虎”于1985年日本职业棒球比赛中夺冠，当时兴奋过度的大阪人把肯德基的哈伦·桑德斯上校雕像丢进了道顿堀川，此后，阪神老虎队竟就这样连续十八年与冠军无缘，因而催生了“上校魔咒”的说法，甚至促使市政官员疏浚河川，想找回遇难的老爷爷雕像。2009年虽然寻回了雕像，不过左手及眼镜依然不知去向。大阪人都在猜，大概只有找回这两样失去的部分，才能完全破除输球魔咒。
- 大阪真的棒透了。

之后，我们由X夫人的私家厨房悄悄回到寻常营业形态的世界。川端友二是知名餐饮业者，在难波地区一带拥有六家颇受欢迎的居酒屋。他同时也是位艺术家、陶器收藏家，且知识渊博、思想深刻，以善于品酒出名，很适合结为知心朋友。

川端先生的店在我们抵达的时候已经打烊，但他还是领着我们到楼上的餐桌，打开一瓶巨大的清酒，并指示厨房工作人员把现有的东西都端上来。各种料理从厨房一一现身：层层堆起的烤尖椒、炸至金黄的芋片夹肉、以高汤炖煮的白萝卜，以及如小山般堆栈的串烧。其中还有我最爱吃的烤鸡肉丸子，富含油脂与软骨，最适合蘸着生鸡蛋一起享用。美食当前，真是恨不得动筷的速度能更快一些。

就在我们打开第二瓶清酒的时候，川端先生拿出了他极为喜爱的两件陶器，分别是有着漂亮紫罗兰色、由大阪年轻艺术家捏制的注酒器，以及来自九州岛南部、表面凹凸不平的粉色碗，说要送给我。我曾听人说过收下各式礼品时应该要如何应对，于是当下决定比照办理：先礼貌性地婉拒一次，然后抱着十二万分的感激之情收下。

并非只是城市，还有感受……灯光渐强，黑夜浮动……大阪会决定一切，而我们无法拒绝。

凌晨两点，那两名航空公司员工提议喝一杯睡前酒。就在离川端先生的店不远处，众人爬上阶梯，来到一家名为“铁板野郎”的酒吧。这时我才察觉，自己在六个月前头一回来大阪的时候拜访过这家店。那一晚在威士忌的酒劲作用下，朦胧中只记得有人在表演“空气吉他”，夸张地模仿摇滚乐队吉他手独奏，以及在临走之际，我留了句保证，说是很快便会再访。

我们推开门，热闹的氛围迎面而来。原本在铁板前各忙各的厨师们，对着进门的人群拿起小铲精神抖擞地致意。体型纤瘦、蓄着长发

大阪的夜色之下，人们尽情畅饮，直到烂醉如泥。

和些微胡茬的老板从吧台后走了过来，给了我一个大大的拥抱。“你来了！”接着，随着乐音加快，酒饮接连上桌。今夜将会是个烂醉如泥的夜晚。

> 咔嗒、咔啦……威士忌皮特回来啰……狂加蛋黄酱，吃到人发昏！……独眼紫色食人兽。

滚石乐队的歌声自喇叭流淌而出，伴随着威士忌酒杯互相敲击的清脆声响。铁板前的厨师如发狂般张牙舞爪地料理着，我不确定有没有人点菜，但他们却从没停下动作，不断发出咔嗒、咔啦、咔嗒、咔啦的碰撞音。

“铁板野郎”的招牌酒饮是混合了伏特加、果汁及些许奇幻成分的紫色魔法药水。一道指令传进了所有客人的耳朵，要他们用这鬼玩意儿把我灌醉。

这可不是我在这个国家惯见的“款待”。在日本，“观光客”仿佛就像易碎品，必须小心翼翼地接待，保持适当的距离。日本人总展现一贯的端正有礼，会为了给你指路而大费周章到荒唐的地步，或者在你踏入店家时致上贴心温暖的问候。然而即便如此，你依然注定只能置身于这个社会的外缘，以一个旁观者的角度观视当局的发展。你仅能在那小小串烧店门口，吸着飘散而出的烟雾和欢乐气氛；在有着绝妙滋味的寿司店外不得其门而入，因为这里只服务会说日语的顾客；或是聆听坐在身旁的客人聊得兴起，却一句话也插不进去。日本文化深奥难测、历史悠久，自成一套规范与语言逻辑，是大多数外来客一辈子也无法摸清的。我们只能从窗外瞪大双眼，猜想着若能明白个中道理，一切又会是如何。

然而，大阪为这道门留了一道微小的缝隙。你只要心胸开阔、面带灿笑地往店内一走，说不定就会有人请你喝酒，还会问你明天有何打算。当然，情况也未必总是如此，这座城市的门扉也还是有可能化作一堵高墙。不过在这里的各个角落都充满着一线希望之光，若是寻获了这等机会，你唯一该做的便是踏进光明之中。

夜晚逼近尾声，众人的肚子已撑到接近极限，眼前所见充斥着紫色的酒饮。老板将音乐转小声，请客人安静下来，接着用日语开始对众人宣布事情。我当然一句话也听不懂，不过能看见老板在言语之间舞动手掌或拳头，而顾客则是随之叫好；下个瞬间，每个人都直直盯着我瞧并举起了酒杯。老板穿过吧台向我送上一条白色印花大布巾，和他与手下厨师绑在头上的款式相同。

对我来说，这并非只是一份礼貌性地赠送给热情外来客的礼物，而是一把钥匙，足以打开一道我以为会永远紧闭的大门。至少，在大阪的这一夜，钥匙是我的了。

重要信息

居酒屋大行动

OPERATION IZAKAYA

你在日本度过的第一晚，一切都令人混乱，不是无从理解的招牌，就是脚步难以捉摸的通勤族。于是你踏进了一间居酒屋——该国最普遍的无拘束之地，供你品尝各种小菜，大口喝酒。居酒屋是日本最亲切、最无身份地位之别的营业场所，只要依循下列步骤，你在日本的头一夜，就可能成为最美好的夜晚

从清酒开始

“居酒屋”，字面上意指“在酒铺停留”，而借着米酿酒之力更能让你在店里杯筷不停。喝清酒最重要的一条规矩，便是确保酒伴随时都能好好“润喉”，保持杯中注满着酒，但绝对别为自己斟酒（这正是酒伴存在的意义）。一开始，就先从酒精浓度中等的“纯米”（纯米酿）开始吧。

享用生食

仅次于一流寿司店，在全日本没有地方能比居酒屋提供更好的生鱼片了。一般来说，居酒屋的刺身拼盘会搭配好三到五种当季海产，如扇贝、鰤鱼、乌贼或是甘鲷，作为下酒菜最是理想。

03

来点火热的

大部分居酒屋都提供串烧，但更棒的非烤全鱼莫属。用筷子挑出鱼头最可口的细小部位，可谓是无与伦比的居酒屋用餐体验。

攀登清酒之峰

记住，你来这里就是为了喝酒。现在既然热好身了，下一步就该试试来自日本首屈一指的清酒产地新潟的纯米大吟酿。“大吟酿”指的是原料中所使用的米至少包含百分之五十的精米来酿制的酒，口感更为细腻丰富。

大啖铁板美食

多数居酒屋都会供应日式炒面、御好烧一类的铁板主食，但是多汁香脆的日式煎饺（蘸着辣油吃更是极品）才是搭配清酒的最佳良伴。

尝试其他酒种

在饱尝清酒滋味之后，是时候进一步挑战更加深奥的日本酒世界了。“烧酒”是来自九州岛的蒸馏酒，比起一般清酒更具冲击力。不妨试试以甘薯为基底的“白薯烧酒”吧（不喝烧酒是吗？那就来杯威士忌苏打，这可是上班族的最爱）。

来点油脂滋润

用油炸食品来解酒，再合适不过了。以炸鸡块和炸豆腐最为常见，但尝尝酥脆的炸牡蛎，以及源自九州岛的炸胡萝卜鱼肉饼（搭配烧酒可谓天作之合！），可说是一个开拓美食新视野的好机会。

08

大胆一点

试着以居酒屋不可或缺的奇特料理收尾：发酵乌贼内脏、鳕鱼精囊、炸睾丸。此时不尝，更待何时？

这才叫牛肉！

和牛入门

WAGYU 101

别统称“神户牛”

“神户牛”是你老家的路边小店自己给迷你牛肉汉堡冠上的头衔，日本人可不会这样统称他们富含油脂的高级牛肉。神户以出产高质量和牛（日本牛肉的正式称呼）著称，产量却不及全日本牛肉的百分之一。布满美丽油花的和牛几乎在日本四十七个都道府县都有出产，若是想看起来像个内行人，那就专挑在日本也备受尊崇的“松阪牛”“近江牛”或是“见岛牛”吧。

和牛并不含啤酒成分

传说为了使牛肉肥美，日本人会让牛喝啤酒或清酒，还会帮牛按摩，但实际上这些全都过于夸大了。从历史上来看，这个产业确实有一小部分的人提倡给予啤酒或清酒，好在炎热时节增进牛的胃口，或是有人为牛按摩，想让油脂分布更均匀。然而上述做法其实在整个和牛畜牧业中的占比非常低，大部分的牛食用大量谷物，且运动量很小——这才是牛肉富含油花的两大秘诀。

滋味好比奶油

日本人按照肉质及油花分布，以字母与数字将和牛划分成明确的等级。等级最高的是A5，代表油花密集，让含有蛋白质的红肉看起来呈点状分布。最上等的日本和牛滋味宛如欧洲产的黄油，令人赞叹富含蛋白质的肉品也能有如此绝妙的演出。然而，对于追求强烈矿物味，比方说取自食草牛只的西冷牛肉的人来说，面对高级和牛他们也许会纳闷：这哪里是牛肉？

价格不菲

和牛的价格值不值，端看你的荷包有多深，以及你有多深爱牛脂。在晚上前往专门提供和牛的餐厅吃一份基本款牛排，要价可高达两百美元。若是想过过吃和牛的瘾，不妨到高档居酒屋浅尝几口，或者试试把稍微过个火的牛肉夹在柔软的面包中间的和牛三明治。若是换成F1牛肉，会更令你感到物超所值。这种牛混合了和牛与安格斯牛的血统，论肥腴醇厚，倒也不输顶级和牛，价格却

来自堺市的刀匠

由打铁到研刀、磨刀，铸刀须经多人之手逐渐成形。在这依然对打造出匀称刀身抱有坚持与敬重的国家，有四位住在大阪南部著名刀市的职人致力于铸造极其优质的刀刃。美国摄影师迈克尔·马格斯（Michael Magers）走遍日本，探寻这个渐趋式微的技艺大师阶层，也就是“职人”。他造访了堺市，近距离地捕捉这一个个“钢铁好汉”的身影。

池田　美和

YOSHIKAZU IKEDA

Forger / 锻造

田原　俊一

SHUNICHI TAHARA

Sharpener / 研磨

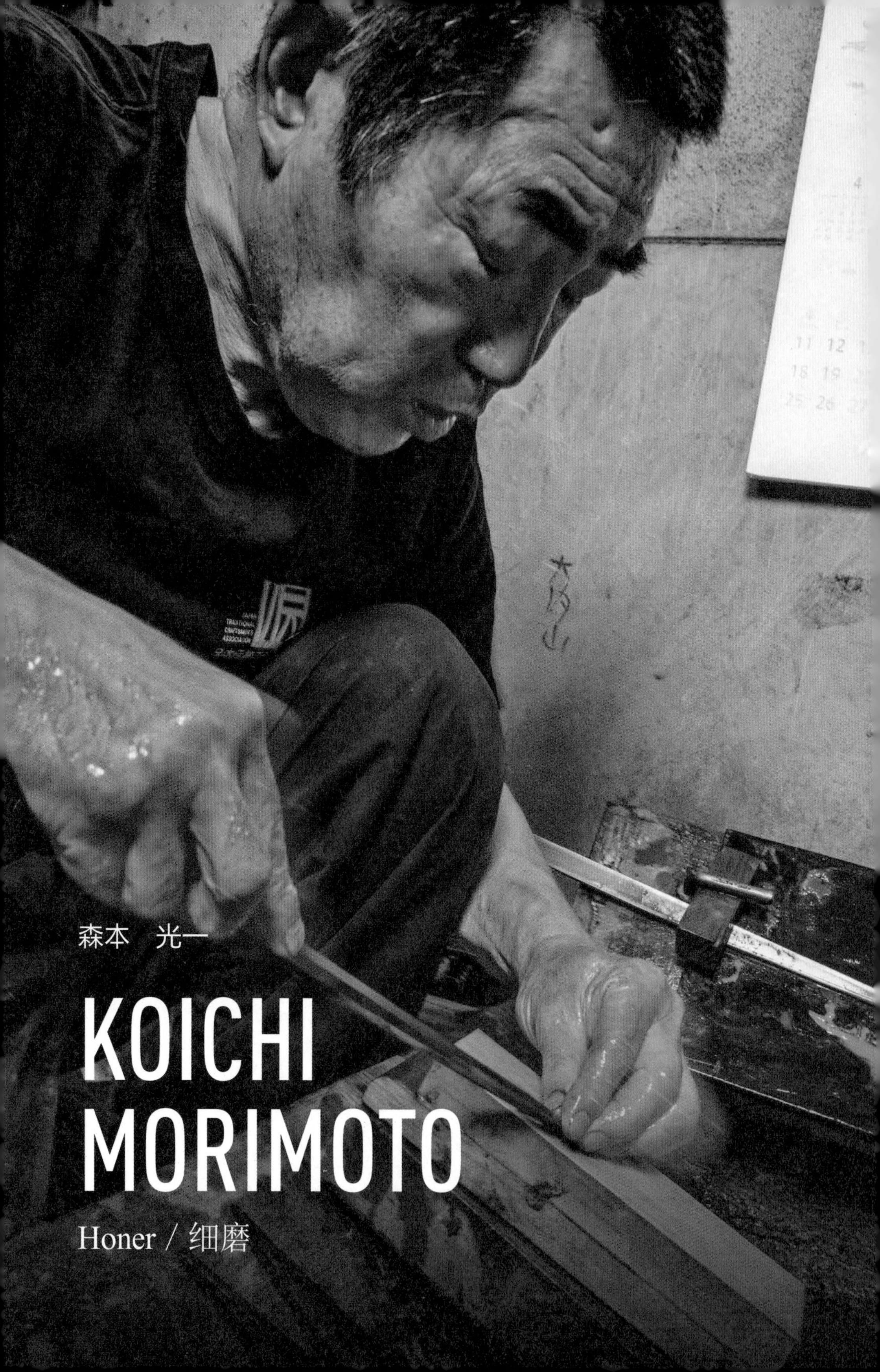

森本　光一

KOICHI MORIMOTO

Honer / 细磨

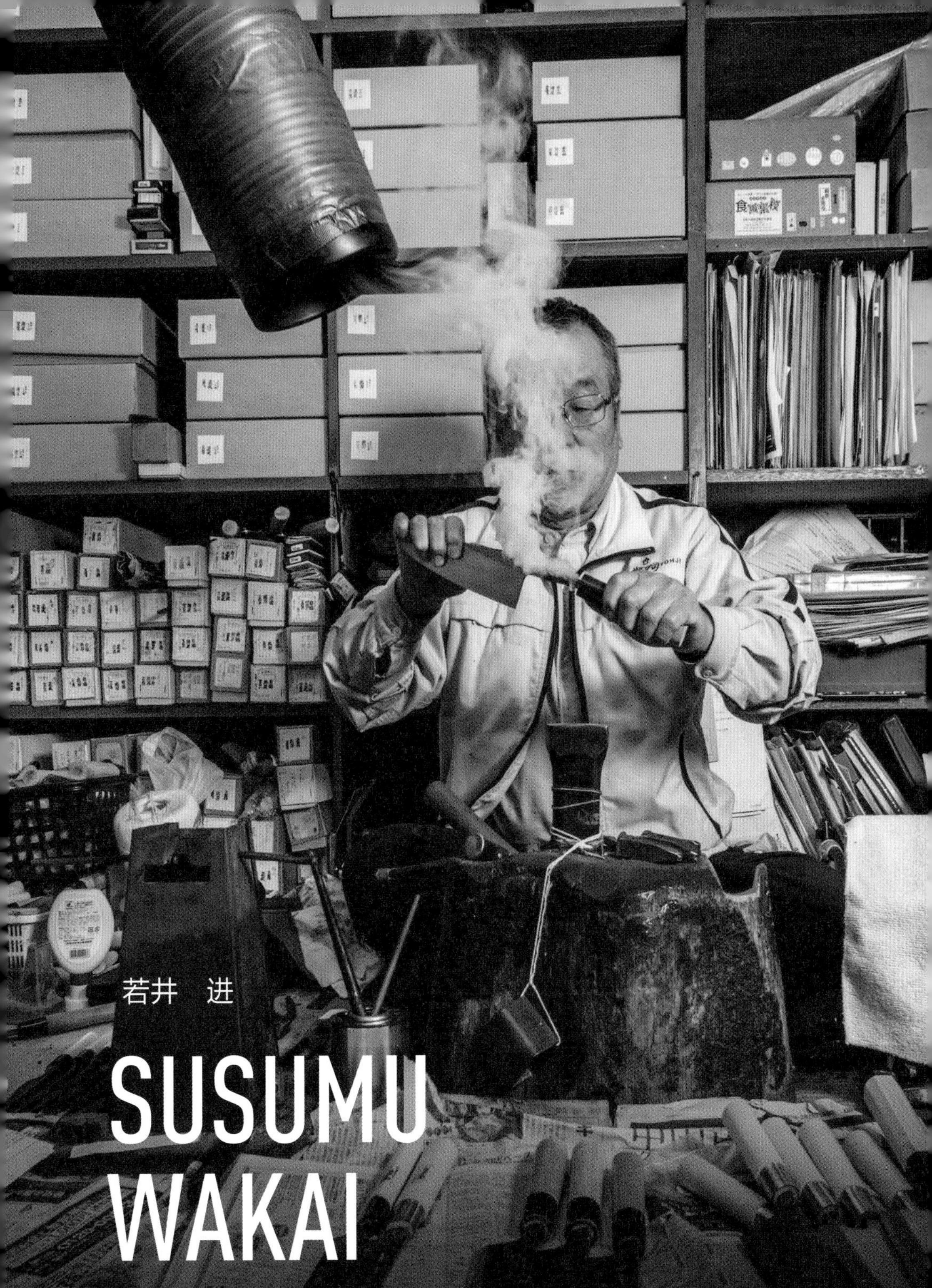

若井 进

SUSUMU WAKAI

Setter / 装把

SANTOKU
三德菜刀

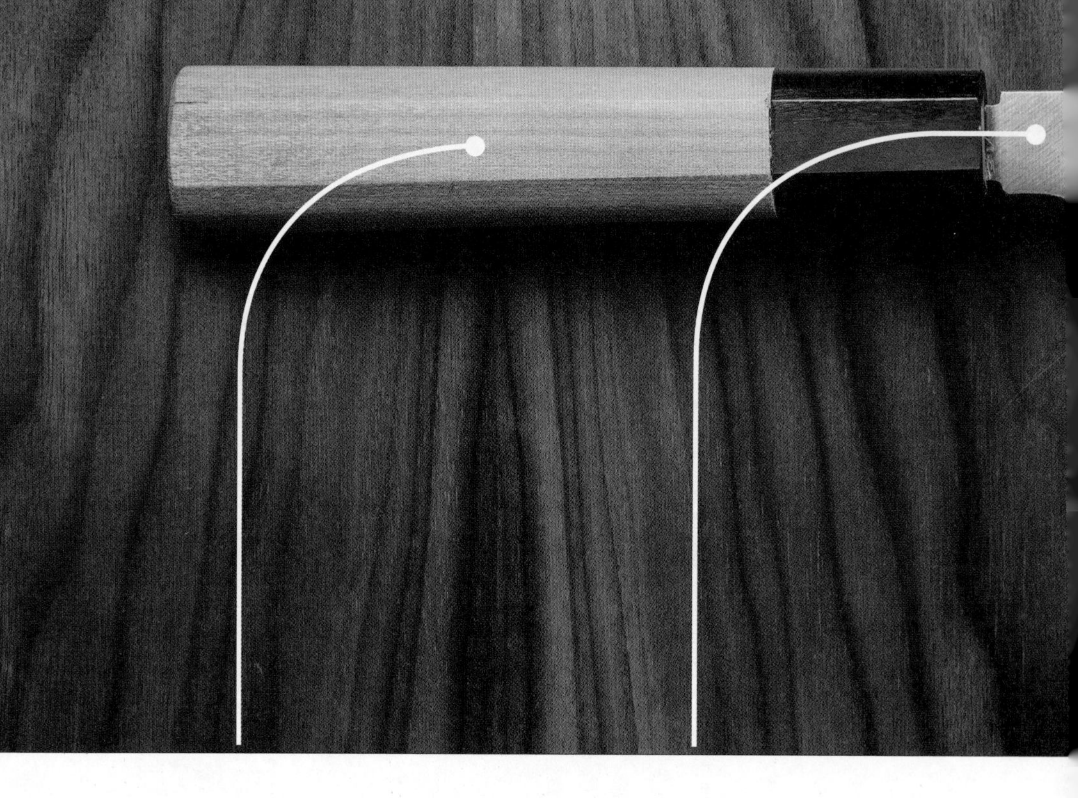

多用途

在日本的文化里，菜刀根据不同用途细分成多种款式，其中三德菜刀可说是最为万用。“三德”，意指三种“美德”（优点）或“特质”，就是分别指切肉、切鱼，以及切蔬菜。

高碳钢

堺市的刀是以摄氏一千度的高温将柔软纯铁与高碳钢熔锻而成。精通如此细腻手法的工匠少之又少，也因此，某些成品售价甚至可能攀升至三千美元。

单刃

刀刃最初在以鲸骨制成的磨刀石上磨制成形。刃面的确切角度取决于刀的用途。不论是切根菜类还是章鱼，不同食材，自有适合的刀刃与之相对应。

来自堺市

作为一个富裕的海港城镇，堺市曾一度汇集了来自日本各地的一流铸匠。如今仍有一群为数不多的职人致力于延续传统，在此打铸备受厨师们肯定的菜刀。

第三章 京都

在眨眼的瞬间，就可能错过身边的一处处细节。你大概不曾留意，门槛前的湿地板，其实是在提醒你餐前涤净身心；你也可能忽略了装饰在角落的花艺，以简约的风格表达季节的变换；而墙面上以一条完整的曲线绘成的画轴，其实象征着大自然的无限生命力。也许你没有留心过高汤中激起涟漪的嫩姜、汤里比平时多了一片的北海道海带，或是以午夜绽放的樱花为造型灵感的和果子。

甚至，你可能忽略了水。

“我相信，日本料理中最重要的食材便是水。”此话出自绪方俊郎，他在一间位于京都核心地带、摘下米其林二星的怀石餐厅担任主厨。“我一直都在试着找出各种不同方法，来呈现水的重要性。”

这真是个奇特的景象：主厨彻夜未眠，苦思着这个地球上最常见、却又因无味的特性而显得与众不同的物质。要不是我们晓得绪方先生每周都会特地开车到京都郊外的山里带回由大自然孕育的纯净水源，这一切乍听之下就像是在耍嘴皮子，是想要对那些易遭他人忽略的细节刻意追求。

若觉得前面说的还不够证明他的执着，那就来看看绪方先生为我端上的前三道料理。首先是一碗使用了来自新潟的稻米、在我就座前不久才刚煮好的白饭。无数米粒带着温热，透出一丝淀粉光泽，上头仅放了稍稍烤过的一荚蚕豆作为装饰。再来是以黑漆碗盛装，使用了海带与金枪鱼干熬煮二十分钟的“一次高汤”。最后一道则是在同样的汤头及相同的黑漆碗中央另外放入了经过煨煮、有着珍珠白色泽的洋葱圈的高汤，引人进入口感丰富多变的轮回之中。

我一边就着手中的碗啜饮汤汁，一边注视着水位沿着亮黑碗面逐渐消退——这是一段无比平静而奇妙的时光。三道料理，展现了水的三种风情。总体而言，可以说是我所碰到过的最大胆也最难以揣度的、料理的开端。

绪方先生今年四十七岁。但从他做菜与谈吐的熟练举止来判断，会让人觉得他的人生经历不止如此。他的料理精神与宗旨随着一道道端上的菜色化为实体供人品尝，食物的滋味和主厨的心意相互激荡，使空间里回响着怀石之美。

亮橙色的肥大赤贝从深色贝壳中露出了脸，没有经过多余加工，只简单地撒了海藻盐调味。

“加料其实很容易，如何剔除才是挑战。”

绪方先生端出的水煮原汤竹笋。

竹笋切块放进山泉水中烹煮，连同笋汤盛于宽口浅碗后直接端出，不另外加入任何佐料。

“要如何品尝到食材本身的原始风味？只需要靠热度、水和刀工。”

而天妇罗，则是将一整块贝肉裹上浅色松软面衣，酥脆中又不失鲜嫩嚼劲。只须轻轻一咬，从断面便会涌出温热的鲜甜海味。

“我想向客人传达一个讯息：这就是这种食材最好的料理呈现方式。”

接着是一片肥厚鳗鱼，卷绕在拇指宽的牛蒡上，涂上酱油与甜料酒，烤至焦香酥脆。三口咬下去，令人惊艳无比的美味自口中炸裂，十分销魂。

“餐点也需要有抑扬顿挫。在厚重口味之后接上细致口味，借此为用餐的人调整味觉的节奏。”

而绪方先生的菜肴的确跌宕起伏、有起有落，直到最后一口带有泡沫的抹茶下肚，便宣告这一餐的结束。十道菜与内含的三十种食材，极致展现了怀石料理的兼容并蓄：水煮、生食、清蒸、油炸、炙烤，以各种做法制成的料理依照适当的顺序上桌，编织出一首绪方先生为这座城市及当前时节所谱出的美妙诗文。其内容是如此的神妙，甚至让我无法确定自己是否真的已完全领会。

他对食材品质的要求，以及他的技巧之多元、投入之深切都无可置疑，然而这般只进行最低限度加工的风格，令菜品简约到有时甚至难以称之为“料理”。“西方料理讲究的是加法，”绪方先生说，“日本料理则是着重于减法。”

不论是潮湿的踏脚石、孤寂的卷轴，或是有着夜樱造型的和果子，正是这些细节使“怀石”成了日本最优雅出色，也最叫人如痴如醉的料理分支。美丽而朴素、古老而真诚，他处没有料理能与一座城市彼此如此相称，同时也没有一座城市比京都更难以摸清。

每年有超过三千万人前来沉浸于京都的氛围，走访两千多间寺庙，赞叹数百座枯山水的内敛禅意，身处高耸竹林的庇荫下流连忘返。联合国教科文组织（UNESCO）想必特别为京都保留了不少奖项与称号，毕竟过去几年来，京都已有十七座建筑获得联合国的承认，得到这些令各国无尽向往的文化遗产殊荣。再加上老旧的茶铺、充满神秘感的祇园小街、身穿和服的娇艳女子，以及铸造刀剑的职人，等等，你便不难看出这个城市何以被人们认定为日本的文化核心，也多少能理解自 1992 年来到京都之后就不曾离开的英国散文家皮克 · 耶尔（Pico Iyer）为何会形容此地是“一座赞扬日本特色的圣地”。

但若是少了当地独有的美食，就称不上是“赞扬日本特色的圣地”了。京都的“京料理”正为此地的深刻内涵添上画龙点睛的一笔。京都有七家米其林三星餐厅，二十二家二星餐厅，堪称是地球上米其林餐厅密度最高的城市。如果光是米其林的星星无法打动你，那就听听这个：2013 年 11 月，京都顺利使联合国教科文组织将日本料理登录为世界非物质文化遗产，而至今全世界只有极少数国家的料理得到了如此认同。

我第一次拜访京都时，为的不是庭园、艺妓，也不是受联合国教科文组织垂青的文化遗产，而是怀石料理。多年来，我在远方的国度惊叹着怀石之美，研究其形态与历史，探究着料理人如何默默地将用餐时光转化为一场全面性的感官飨宴，亦从世界其他地方的高级料理中发觉到怀石的踪迹。例如混合了极简主义与自然主义的法国现代上等肴馔，以及尝鲜菜单（Tasting Menu），比起菜色美味的总合，它更注重于诉说盘中故事的整体设计概念。

我到京都时正值秋日时分，恰是品尝美味的大好时节——森林遍地生长着茂盛的野生蘑菇，肉质甘美的小鱼溯溪而上。四天里，我饱尝了五顿怀石餐点，每一顿午餐与晚餐都提供了最精美的食材，烹调手法亦十分细腻，并搭配着精致优雅的摆盘技巧。我数度惊叹于这些美感与极致美味，但是最终却因为在餐厅内不时感受到的困惑与惊愕导致心中蒙上阴影，最糟的是甚至对怀石感到厌倦。每一餐，都会端上同样的一盘刺身、同样的蔬菜天妇罗，身边的服务同样拘谨而略显紧绷，我开始觉得“怀石”就像是一出我早已熟知剧情的电影。五顿餐点，我就吃了五次陶壶炖菜，也就是在茶壶里装满海鳗与松茸，附上芬芳的长条酸橘皮，食用的时候则应该先喝汤再吃料。初次品尝堪称是一次空前绝后的体验，但到了第五次，只觉得食之无味、弃之可惜。

等我搭上新干线回到东京，身上荷包空空，肚里装满茹荼，感觉这辈子或许再也不用尝试怀石料理了。

是我弄错什么了吗？是我擅自怀抱过度期待，因为我终究是个外国人？还是说其他日本人心底也认为怀石料理高深莫测？又或者，根本就是那位以水为主角设计菜单的主厨彻底疯了？抑或疯了的其实是我？我越是思考，怀石与京都给我的感觉就更加不谋而合——美得使人屏息，却宛如被密封于琥珀之中。与其说它是有生命力的事物，还不如说它是亘古的化石。

我带着这般疑惑与焦虑询问那些最熟悉也最严肃看待日本饮食的人，还找上身在京都、东京，以及其他县市的朋友谈了一谈，想知道他们是如何看待怀石料理的。于是我立刻发现，怀石料理就像是饕客们的罗夏墨迹测验*。对某些人来说，它是典雅与精致的集大成者，有的则认为其枯燥乏味且价格过高，很需要从根本上做些改变。另一小群对此颇有心得的老饕语带尊敬，针对我的疑问开始述说怀石料理的地位、历史和对日本的影响，认真程度简直比某些美国人谈论起宪法的重要性时还有过之而无不及。然而除此之外的大多数人虽然个个措辞不同，却都表达了相同旨趣：怀石料理是给那些年事已高的人或是有钱人吃的东西。

我觉得自己就好像位于两处极端中间的孤岛，一方面对怀石料理的美妙高雅怀抱敬意，另一方面又因其僵化死板而有所戒备。不论是对于京都这座城市，还是京都的料理，我一直都是这么想的，直到在2013年秋季的某一天遇上横山健一郎后，我自以为明白的一切完全被颠覆了。

不管你需要什么，他都有办法解决。想观赏几星期前票就已售罄的歌舞伎演出？他有门路。想去那家饕客朋友都在谈论的窄小米其林

* Rorschach test，一种人格测验。向被试者呈现标准化的油墨渍偶然形成的模样刺激图版，并询问被试者由此联想到的东西，分析后对被试者的人格特征进行诊断。——编注

餐厅？让他打通电话就能搞定。希望瞧一眼简朴高雅的枯山水，但又不想被疯狂拍照的游客打扰？他会尽力，而且总能超乎你的想象。

在京都，有许多地方皆是大门深锁，不随便对外人开放，但横山先生就像是手里握有一把万能钥匙。身为京都凯悦酒店（Hyatt Regency Kyoto）总经理，他的职责便是替客人打开“门路”。他细腻而谦逊的作风，令人难以察觉他实际上的位高权重。我第一次见到横山先生是在入住之后，而选择这家饭店的原因，主要还是因为他闻名全日本的知名度。而事实也证明，那些对他的赞美之词其实都过于轻描淡写了。

每天早上看着他应对吃早餐的人群，我就会想起电影《赌城风云》（*Casino*）中的一幕：罗伯特·德尼罗（Robert De Niro）在饭店餐厅和一名主管会面，两人都吃着蓝莓麦芬。然而，对方的麦芬里满满都是蓝莓，而罗伯特·德尼罗的麦芬却很寒酸地只有一两颗。于是，他大步走进厨房，向吓得目瞪口呆的主厨说，以后每一个麦芬都得有同样分量的蓝莓才行。“同样分量的蓝莓”，这便是横山先生的工作态度，只不过不仅是蓝莓，而是针对每件事皆是如此：不论是大厅内花艺装饰的花瓣数量，还是楼下炉端烧餐厅端出来的温热芝麻豆腐，甚至是放置于房间枕头上的亲笔签名致意卡，他都一丝不苟地严肃对待。

第一次来的时候，在旅行社做代理的朋友告诉我，“京都凯悦”曾是称霸京都的饭店王者，拥有难以撼动的地位，是“当地非日式旅馆中最好的住宿地点”。然而 2013 年底，“丽思卡尔顿”（Ritz-Carlton）于鸭川对岸设立了一间据传造价高达三亿美元的全新豪华高级饭店。

横山先生有几名干部被对方挖走，而他本人无疑也在挖角名单之列（纵然他不承认），不过他并没有因此动摇。硬要说的话，这件事唯一的影响便是让他下定决心更加努力经营。

秋季的某个下午和横山先生碰过面后，我才首次体会到他的学识之渊博。我们边喝咖啡，边聊起怀石料理，他也不经意地打探了一下我对怀石料理的认识有多深。出入于商业晚宴、政府会议、贵宾接待等场合的横山先生，每周会吃上两次怀石料理，论起经验可说是和京都任何人相比都毫不逊色；同时他也具备了独到的眼光，以人类学家的角度来探讨这门饮食学问。

横山先生简短谈了下有关怀石料理的沿革，接着问我有没有特别想尝试的店家。我告诉他，若能如愿，“草食中东”这间舒适优雅的现代风怀石餐厅是我心中首选，不过这里也被认为是京都最难订位的餐厅。“是啊，换成是我，第一名也会是‘草食中东’。但是你也知道，就算是本地人也不一定进得了这家店。”会面后过了几个小时，我的手机响了，对方正是横山先生。“中东先生明天下午五点能和你见面聊聊，晚上六点，他会为你料理晚餐。”

中东久雄在京都一家日式旅馆长大，时常会帮助父母给客人烹煮菜肴，这也是日本传统旅馆所提供的住宿体验中不可或缺的基本服务。后来，他前往自 17 世纪初营业至今、堪称京都怀石料理之祖的“瓢亭”（Hyotei）受训，直到 1992 年，于银阁寺附近开设了属于自己的餐厅。

中东先生五十出头，五官柔和且面带微笑，散发着一股老练成熟的祥和感；身上穿的并非厨师服，而是京都怀石料理师傅偏爱的白大褂和领带。每天早上在披上战袍之前，他都会不辞辛劳地到京都近郊的山坡及河边采摘蔬菜和野菜。“我的料理中最重要的便是强烈的季节感，”他说，“如果只能用一个词来形容日本料理，那就是‘自然’。”

“草食中东”的地板以细小圆滑的石子铺成，擦得发亮的樱桃木长吧台则正对着开放式厨房。厨房中央设有巨大的橘色灶台，这是用来烧火煮饭的传统器具，日本人好几个世纪以来就用它来烹调珍贵的稻米。等客人坐定，中东先生便将米下锅，然后生火。

揭开此次用餐序幕的料理与其他怀石餐厅相同，是一盘组合了各式小菜的“八寸”，通常会使用蔬菜跟鱼肉，当作后续飨宴的开胃菜。在碗中的松针、落叶装饰之间，藏有与慢炖过的海带搭配的一片片鲣鱼、烤得恰呈松软的银杏、裹着鲜采香草的越式春卷，以及用花椒花与碎芝麻佐味的多汁柿子。每吃进一口，嘴里都回荡着秋意。

在焖煮米饭的同时，佳肴队列持续行进：首先是以大量山蔬与野花装点的刺身；紧致厚实的京都风青花鱼模压寿司在历经一年发酵熟成后，散发出洗浸奶酪般的浓烈气味；野果淋上白味噌酱，再撒上黑芝麻与蜜蜂幼虫。中东先生料理蔬菜的精湛技巧也体现了他每天甘愿在清晨时分亲自去寻觅野菜的执着。“蔬菜会告诉我该怎么做。”中东先生说，“当我拿起一根白萝卜，它仿佛在跟我说‘请用烤的’‘请用炖的’。”

随着食材逐渐深入京都的山野，客人们对这家店广受好评的米饭也越加期待。

“米饭对日本人来说很宝贵，”他说，“我们每餐都吃白米饭，却怎么都吃不腻。”他还告诉我，日文中的“饭”不单是指米饭，也可以用来表示“一顿餐点”。

等他终于掀开第一个饭锅，伴随着淀粉香气的热烟立即倾泻而出，全餐厅的人似乎都准备好要挥舞手里的白色餐巾，发出赞美的欢呼声。

用来搭配白饭的佐菜是一条以炭火精心熏制的凤尾鱼。饭的下面铺满了稍稍烤过的松茸，饭上则有一条橙色乌鱼子。各个要素集结释出的甘鲜味如猛浪般袭来，同时更加彰显了米饭的柔软口感。

接下来登场的是在锅底形成的香脆锅巴，搭配以米糠油和海盐炒制，再撒上麻辣的花椒粉调味。尾声则是在装有成堆锅巴和野菜的碗里加入米汤，调制出动人心弦的茶泡饭。这场飨宴将米饭由内至外的美好表露无遗，令人赞叹其朴素却温暖心灵的滋味——也是我日后享用米饭时用来评判味道的准则。

在掏出三百美元吃一顿内含八道菜色的怀石晚餐以前，不妨先回答以下几个简单的问题：

- 在外面吃饭的时候，我喜欢安静地吃，并细细品味。
- 我很在乎端出来的汤是盛在什么样的容器里。
- 我偏爱细致低调更胜于强烈刺激的口味。
- 负空间（negative space）的表现手法很让我着迷。
- 我认为，用餐是一段能自我沉淀的时光。

- 我能从精心挑选的单一食材中体会到不同凡响的美妙。

- 我喜欢一个人在树林里乱逛。

以上几点你如果全答“是”，那就恭喜了，你有“怀石基因”！赶紧找家历史悠久又正统的怀石餐厅，只管投身于纤细精致的世界吧。若只有几项答“是”，就该趁着还在京都时订个位子，给自己一个机会尝试。要是全答“否”的话，那就不如省下钱去吃寿司。

不管这种料理形式是否合乎你的心意，“怀石”对日本文化的重要性是有目共睹的。汲取各方影响于一身的怀石料理，其发展与京都本身悠久而颇负盛名的历史有着密不可分的关系。

公元 789 年，日本的首都由奈良迁至京都，此后直到 1869 年都不曾变过。千余年来，此地孕育了无数生机：举凡政治发展或艺术创作，来自全国上下的精华事物皆集中于这个人文荟萃之都。这里是丰臣秀吉及德川家康曾统治过的地方，也是歌舞伎与艺伎的源头。虽然现代京都人自视甚高的态度惹毛了日本许多其他地方的居民，但对京都人而言，京都作为都城的悠久历史再三证明了这个城市的优越性；东京想来一较高下，就等成为超过千年的首都再说吧。

这份自信，也显现在京都文化的各个方面，尤其能从京都传统料理“京料理”上窥见一斑。这里的汤头更高雅，豆腐更细嫩，就连蔬菜都散发出更加浓厚的地道日本滋味。若是倾身仔细体会，甚至能听见料理诉说着古老的家族传统与荣耀事迹，还有过去豪华正统的宫廷飨宴等传统作派，在在都丰富了京都身为世界美食之都的地位。单就规模来看，京都人也许会承认东京拥有更加复杂深厚的饮食文化，但每一位生长在这千年古都的人都深信京都才是日本料理的发祥地，而最能展现日本料理宗旨与技术的便非“怀石”莫属。

在京都作为首都近千余年的尾声，有四大料理系统同时发展着，仿佛反映了整座城市层层交织的历史演变，而“怀石”逐渐从中崭露头角，成为当地名流公卿的主流美馔。“宫廷料理”，即气派奢华的皇宫料理，是在平安京初期以皇室为中心发展出来的；“精进料理”，为朴实精致的素食料理，以寺庙饮食为基础成形（“怀石”就字面解释是“怀里抱石”，源自斋戒僧侣在漫长严冬的修行中，揣着温热石头止饥）；“御番菜”属于京都传统的家庭料理，展现了当地人的慷慨性格，特别是在蔬菜用料上格外大方；最后也是最重要的则是“茶怀石”，即因应茶道而生的料理，而茶道正可谓孕育多数日本传统文化的源泉。

差不多就在京都作为新兴首都安定下来之时，茶由中国传进了日本。一开始人们主要把茶当成一种药材，但经年累月，“喝茶”却逐渐发展成一种重要的社交礼俗，且随着时间的流逝益趋繁复浮夸。

然而千利休改变了这一切。1522 年，他出生于邻近的港湾都市“堺”的商人之家，家境殷实。他年纪轻轻便开始学习茶道，不久就跻身京都茶道名人之列，进而先后在 16 世纪末日本最有权势的两位武将手下担任茶道老师。以好斗残忍出名的织田信长，虽然漠视历史传统及诸般繁文缛节，却十分热爱日本最重礼节与传承的茶道，并将其当成谈论政治的文明手段善加利用。1582 年，织田信长遭下属背叛而殒命，身怀茶道天赋的千利休于是转投新主丰臣秀吉。丰臣秀吉原为信长家臣，日后却成为日本三位一统天下的霸主之一。

在侍奉丰臣秀吉期间，千利休为茶道塑造了全新的一面。他以日本独有的“侘寂”美学为根基，也就是接受不完美与变化无常之美，来使茶道回归纯朴，舍弃京都名流铺张的公开仪式，改采私人、内省的茶道体验，引领茶客深入领会当下周遭的种种细节——庭园的暗影、卷轴的笔触，以及茶本身带有的微苦。

为了实践这个方针，千利休去除了所有不必要的仪式安排。奢华厅堂换成木头小屋，黄金茶壶改为铁制茶锅，木制茶杯则取代了精美陶器。参加者不因华美器物而分神，便能专注于更深沉的省思，这才是茶道仪式原本该引出的境界。

1591 年，千利休与丰臣秀吉的关系变得紧张。有学者猜测这是因为丰臣秀吉不满千利休在京都的影响力日益壮大，也有人指出导火线是千利休在修缮大德寺楼门（金毛阁）时立了一座自己的雕像。无论原因为何，丰臣秀吉最后下令茶道大师切腹，而千利休在为弟子及友人致上最后一杯茶后遵令而亡。

过了四百年，千利休在人们心中不只是现代茶道之父，也是奠定了怀石料理基础的重要人物之一。

不少有识之士都说，想真正了解日本文化，就得先对日本茶道有所理解。在一场茶道仪式里，你可以感受到日本文化的基础以最原始的样貌在眼前展现：花艺与庭园、书法与画卷、建筑与服饰，当然还有料理。茶道仪式中的食物起初是为了让人在品尝浓茶前垫垫肚子而准备的，然而却渐渐地从原先的茶点轻食，演变成精致而菜色多样的宴席。

如今怀石料理自成一格，已从日本各地仍在举行的长达四小时的优雅茶道仪式中分离出来，但依然继承了对于书画、花艺与枯山水等美感的注重。至此，千利休的愿景得以延续，且历久不衰：一场陶冶心灵的体验、对不完美的领略与省思，以及人与自然间的交流。

在“草食中东”用完晚餐的隔天早上，我看到横山先生正在大厅等我。

“昨晚如何？”

“出自杰出料理人的美妙料理。”我接着草草提了几样最令人印象深刻的料理。但他似乎察觉了我话中略带保留的语气，甚至连我自己也没注意到。

“但是？”

“没有‘但是’。没有，绝对没有。预订名单都排到六个月后了，怎么可能会有‘但是’。他的米饭真的煮得太棒了。那位先生显然是个料理天才。”

横山先生微微歪了下头，并扬起双眉。

“好吧，也许是有些不对劲。但我又说不出来，就是觉得少了什么，就好像手上遗失了几片拼图。也可能只是我不适合怀石料理。”

我们两个人站在大厅沉默了好一阵子后，横山先生终于开口了。

“晚上有什么打算吗？”

“为什么这么问？”

大多数人就算花费几十年的时间，也难以在茶道界出师。

“十点在这里等我。我有东西想让你看看。”

于是十点没过多久，我们就坐着出租车往西穿越京都，一路来到与漆黑的连绵山脉相邻的河边。出租车在一间两层楼的木结构房屋旁停下，房屋的外观看起来就像是某个人位于河畔的住所。

门口出现了一家四口欢迎我们，并在我们走近时弯腰致意。横山先生送上从“京都凯悦”带来的伴手礼，里面是饭店糕饼厨房做的小蛋糕和小甜点，包装十分精美。“我最爱吃这个了。”老板鞠躬后收下礼物，然后领着我们这两位深夜访客进门。

一走进屋内，我立刻发觉这其实是间餐厅，只是跟我去过的任何一家怀石料理没有丝毫相似之处。整间店狭窄老旧，寥寥几张桌子，一道长长的吧台，看起来与其说是能让人静下心来自我沉淀的桃花源，不如说更像是普通的居酒屋。店里充满了烤鱼和麻油的气味，却看不到半个顾客的影子，眼前只有吧台上的两双筷子、两只清酒酒杯与两小截竹筒。我们坐了下来，老板跟他儿子走到吧台后和另外两名厨师会合。吧台上的竹筒里装有用紫苏做的雪糕，散发着介于薄荷与罗勒之间的香草风味，为这一餐揭开了令人振奋的序幕。横山先生向厨房点了点头，好戏便告开场。

首先我们品尝了“新一代”的崭新味噌汤：京都知名的甜味白味噌与龙虾壳熬成的汤头彼此交融，汤面上则点缀着大块柔软的螯肉及菠菜。

老板的儿子自烤架上拿取一块方正的顶级和牛肉，外层烤至焦黑但内部仍保持鲜嫩，裹上小葱后再添上一勺入口即化的海胆。这道菜，足以让其他任何海陆大餐全都相形见绌。

老板则拿出一只亮眼的陶瓷餐盘，盘面还写着诗句。“这是从 16 世纪传下来的。”说完，他便回头与儿子一同拼组出一道道菜色：首先，以厚实的方头鱼肉将烤过的松茸柄卷起；接着，厚厚的三角形菌伞烤好后，搭配另一根比大拇指还粗的烤菌柄，并铺上香菇味噌；另外还有腌姜笋、几粒松软黄豆，以及炸成波浪状的酥脆方头鱼皮。

饭类料理则是盛装在小型竹蒸笼里端上了桌。年轻主厨动作非常迅速，先从油花满布的大块金枪鱼腹肉上切下一块肉片，轻蘸一点自家酿造的酱油后置于米饭上方，当金枪鱼的油脂刚要与米饭融合之时，再淋上一匙以海带与碎芝麻做成的酱料。

接下来轮到天妇罗出场：形如满月的浓醇炸南瓜；金黄炸河豚块淋上半透明白萝卜酱汁；口感绵软的鮟鱼肝肥美至极又带有些许苦味，这是我从没尝过的滋味。

最后一道菜被装在上方雕成碗状的冰块里。一小团加了抹茶粉的荞麦面在添加了柑橘汁的高汤里浮动着，透出了漂亮的绿色。面上头摆了一个仿造鹌鹑蛋的装饰，蛋白其实是用白萝卜泥制成的。当我举起冰碗凑到嘴边的时候，厨师们一齐发出了欢呼声。

这一切进行得十分神速，十道菜只花了一小时又多一点就上完了。不仅如此，还快得让人没时间交谈，没时间细细分析端出的每一道料理。然而当我们走出餐厅，看着头上闪烁的关西夜晚的满天繁星，我才终于意识到这是我人生中最棒的用餐体验之一。

要说谁能够延续传统京都料理的薪火，那人一定就是松野俊一。他出生在祇园——京都古老的艺伎区，也是怀石料理精神的核心。松野俊一的父亲经营一家私人茶室，在这座特色店家林立的城市中算是数一数二。同一条街上，还有他的一位姨妈经营的知名荞麦面店，与另一位姨妈的烤鳗鱼店。这两种料理也都是京料理中屹立不摇的菜色。

然而，松野先生大学毕业后却想成为上班族，远离厨房的油烟和蒸汽。不过在料理上天赋异禀的他，等穿不住西装之后，便决定承继家族相传的事业。只不过，他的餐厅远离了松野家族的势力范围。

“祇园有太多娼妓跟不善待女人的酒鬼。我很清楚我得远离京都的中心才行。”于是，他来到祇园正西方六英里外的岚山，在大堰川河畔买了一栋房子，能将此区登在旅游书上的美景尽收眼底。

“身在河流和高山的旁边，我们从厨房就可以听见流水潺潺，能从窗户静观四季叶子颜色的变化。”

“天妇罗 · 松”成为一家只卖天妇罗的店其实只有短短三年。由于油炸食品生意不好，松野先生便试着加上其他菜色来搭配天妇罗，结果这些料理深获顾客喜爱，吸引人们再三光顾。慢慢地，菜单变得更加丰富且充满野心，结合了传统怀石料理架构，却不受严谨的规矩所限。

起初，餐厅由松野先生与他妻子 Toyomi 一同经营，等到女儿麻里子和儿子俊雄长大后，按照日本惯例，两人于是也开始参与店内事务。

这些事情是在某天早晨我坐上松野先生的旅行车后座，前往京都的中央市场途中聊到的。儿子俊雄坐在前座，和父亲争论着该走哪条路才能最快穿过城市抵达目的地。这时距离那次深夜与横山先生坐在“天妇罗 · 松”的吧台前吃饭，已经过了九个月。我几乎没有一天不怀念香脆的炸方头鱼皮、味噌龙虾，还有最后的荞麦凉面。在有过品尝了数十顿的怀石料理却总心怀矛盾的经历之后，这次我似乎终于可以有所突破，找到能不负京都美馔盛名的佳肴。为此，我得更加了解这一切，并品尝更多料理才行。

近来，西方料理的创新门槛已较以往高出许多。自从西班牙米其林餐厅“斗牛犬”（El Bulli）的主厨费兰 · 阿德里亚（Ferran Adrià）和阿尔伯特 · 阿德里亚（Albert Adrià）两兄弟跳脱主宰了高档餐厅数十年的法国餐饮模式，向世上的厨师们展现了以泡沫、凝胶、粉末与球体等为菜肴添色的分子料理天地，现代餐厅的厨房之间便开始了相互比拼创意的“军备竞赛”。离心机、低温烹饪机、研钵及碾槌，各自在吧台有了一席之地，年轻厨师改用液态氮取代老前辈使用的冰激凌机。为了能有全新的重大突破，餐厅会和物理学家、化学家，甚至调香师合作，在厨房挥洒各自的雄心壮志。在餐盘上更是如此。奇特滋味与口感在盘中拼贴出精雕细琢的景色——有时的确是蛮可口的。

但是在日本，创意居于传统之后。多数料理人仍专心致志地提高既存之物的层次，而非开发创新。这个国家所谓的创新，便是在汤头里多加些木鱼，或是把星期二买好的金枪鱼熟成到星期四再上桌，抑或是特地开车到深山里取泉水来用。以这般标准来衡量的话，“天妇罗 · 松”的料理可谓十分前卫，但又算不上是彻头彻尾颠覆了传统。

大多数游客到了京都，一定都会逛一次“锦市场”。这里的泡菜摊

松野俊一、松野俊雄父子于“天妇罗·松”厨房合影。

子、豆腐商家及熟食专卖店遍布五条街道，非常引人入胜。不过，京都料理人多半会选择前往虽然外观不如一般市场光鲜亮丽，但功能更为完备的批发市场采买食材，那里不仅场地宽广，海鲜、肉品与蔬菜商贩亦是应有尽有。和日本大部分商业取向的市场相同，就算只是想进去瞧一眼也得先出示专门的证件才行。

“天妇罗 · 松”的菜单总是不停地改变样貌，菜色每日都会更换，只差没有每个小时变动一次。每晚歇业后，松野先生会和儿子俊雄拟定隔天的菜单，但最终还要等到两人亲自去市场逛完一圈，尽可能把主要食材全试过一遍才能做决定。“京都有太多厨师是看日历做菜，而不是靠舌头，”松野先生说，“我们从来不会先订好整个月份的菜单，因为要是这么做，万一进的食材不好，你还是得用。这根本没道理。”

父子两人在市场走过一家又一家摊头，沿路一边试吃，一边商量调整菜单。松野先生身材壮硕，头发秃了一半，下巴白色的胡茬犹如一层薄薄的冰霜，圆圆的脸蛋像从漫画中搬出来的。他的招牌式微笑能融化盛装着荞麦面的冰碗，但偶尔还是能看到他敛起笑容、皱起眉头沉思的样子。他那副宽松运动长裤、羽绒背心搭配黑色长袖上衣的模样像极了过气好一阵子的节目主持人。

松野先生首先开始物色金枪鱼。鱼贩看见我们靠近，便拿出巨大的金枪鱼刀从鱼尾片下鱼肉，加上酱油调味后递了过来。“这个时期的金枪鱼因为活动量大，油脂都比较少，”松野先生说，“他们环游世界想逃离老婆身边，结果进了我家厨房。哈哈哈！”

他接着让老板拿出较为昂贵的“大腹肉”，这备受日本人看重的金枪鱼腹肉摆在精瘦尾肉旁边，肥美的油花宛如皑皑白雪。松野先生打定主意后，从长裤口袋里的厚厚一叠钞票中抽了一万日元出来。

接着我们在相隔几个摊位的海胆摊前停下，眼前陈列着精选的北海道及关西海胆供人试吃。“尝得出来吗？关西海胆目前还不够甜，”松野先生对着儿子说，“这个季节，再过一阵子关西海胆的甜味会更足，那时候我们再来使用。目前就先继续用北海道的海胆。”

穿越市场的一路上，松野先生一边采购今日菜单所需，一边对着经过的摊子上贩卖的食材做出点评。“看见这些鳗鱼没？都是一条一条用网子捕捞的，跟一般的在味道上天差地别……北海道芦笋很有名，但这些太粗了，不会好吃……知道这些是什么吗？是晒干的海参卵巢，可以说是全世界最昂贵的食材之一。”

摊子的老板递上茶水，再三提供试吃，还把松野先生拉到一旁，向他展示专门为他保留的好货。松野先生开心地谈论着市场本身的种种，其中也包括了摊贩的事。可一到了商量价钱的时候，他便放低音量，拉着老板的手到旁边说悄悄话，大部分时候还拿起一小块厚纸板遮住嘴，免得被人辨读唇语。

松野先生对自己进的货跟成交的价钱都万分自豪。他说，这都是多亏了四十年来与市场商贩培养出的交情，还有自己一律是当场付现的习惯。“同样的餐点在京都其他餐厅得花上四万日元，但在我的餐厅只要花一万五千日元就能吃到。我很清楚要怎么买才划算。”

话说回来，虽然供货商争先恐后地想跟他谈生意，但也不是每一个人都欣赏他讨价还价的手段。“他们称我老爸是市场里的小恶魔。”

俊雄说完又凑过来补了一句，“有时候我也这么想。”

“你刚刚说了什么？”松野先生一边打量在地面上爬行的大鳖，一边问了一句。

“没有啊，老爸，”俊雄向我眨了下眼睛，“那鳖看起来如何？”

“看起来不错。”经过一阵议价，松野先生选定了一只 3.7 公斤的鳖。虽然这原本不在购物清单上，不过他十分中意鳖壳下透出的一圈黄色油脂。

等吃过拉面和炒饭当早餐，我们走出有如迷宫的市场，准备在外面购入今早最后一样食材。松野先生已经约好人取货，这个人除了是京都一名顶尖寿司师傅，同时也经手上等野猪肉。他从两辆卡车中间现身，匆匆将手中的白色塑料袋交给松野先生，活像袋里装着来自哥伦比亚的高档毒砖一样。

“三岁大、还没交配过的野猪味道最棒，”他边说边往袋子内瞧了一眼，“肥嫩得没话说。”

此时京都正值四月底，最晚一波盛开的樱花才刚凋谢不久，恰是盛产竹笋的季节。“当时得令”是日本各地料理都奉为圭臬的最高原则，而在京都，这更主导了人们会在何时消费什么食物的观念。当下，正有上千名厨师在处理着竹笋，将富含纤维的外壳层层剥下。

松野先生一家是向 Yoshiaki Yamashita 采购竹笋，这位农夫的家族在岚山郊区种植竹笋已经几百年了。“他是日本第一的笋农，种出的竹笋堪称笋中之王。他家的笋子质量可高级了。”

Yamashita 先生跟我说，要有好吃的竹笋，关键在于空间。竹子的繁殖期可达六年，但根部需要足够空间以供生长，地面上也需要留空间让阳光能照射到土表。Yamashita 先生不仅是位农人，还像个园艺家那样不停修剪竹枝，使竹子维持在六米高，并且用米糠施肥，将养分重新还给大地。

最好的竹笋多半藏于地底深处，位于日光难以深及的土壤中。这也让采收竹笋与寻觅松露有了异曲同工之处。我们小心翼翼地悄声穿越竹林，寻找地面上的细微裂痕——代表着这里有意欲破土而出的嫩笋。一旦发现了裂痕，Yamashita 先生便会拿着小铲子走上前，轻轻地挖掘土壤，直到触及竹笋为止。

一般人看过的笋子大部分呈现红棕色或紫色，可是 Yamashita 先生的竹笋一出土便有着象牙般的白皙外皮，口感柔软，且甜得就像在吃苹果一样。

“挖出来之后就一定要马上烹煮才行，不然就会渐渐失去风味。”松野先生刚说完，就从运动裤兜中掏出手机打回餐厅。

“叫他们先准备煮水。我们要回去了。”

京都虽然遍布着外来客，但说到底仍然是个极度封闭的城市。不论在哪个角落，你都能接收到各种信号征兆，时时刻刻提醒着身为外人的你与本地人之间的分界线。当你漫步穿行于京都的老街暗巷，餐厅菜单上密密麻麻地写着难懂的片假名、平假名和汉字；在那隐蔽小路深处或者飘动的布帘后头，也藏有你难以踏入的门户，只能任凭想象力来描绘里头未知的世界。

想知道这中间的隔阂到底有多深，不妨拿横山先生来当例子。他比任何人都还要与京都本身及其文化，甚至是最叫人敬畏的名人有着无比深厚的联系，说是比本地人还“本地”都不为过。然而，在这里他终究只是一名过客。从横滨移民过来的他，即便如此心系京都，也不可能流着京都人的血液。就算他出生于此，情况也不会有多大改变，毕竟京都人看待历史，并不是以一年十年，而是以百年为单位的。

由美国移居京都并开设了一家知名陶器艺廊的罗伯特·耶林（Robert Yellin）是这么说的：“至少要到在这里传到第七代，才能被认可是个京都人。即使你是第六代而且家族世世代代已在京都住了两百年，你仍旧还是算个外人。”

我滞留在京都的时间只能用小时来计算，好比一艘碇泊于港口过夜的船只。我察觉到自己必须时常与一股冲动抗衡，才不至于舍弃规矩与礼数，划破帘幕闯入更深层的京都。这都是多亏理性与矜持让我免于出尽洋相。但取而代之的是，当我深夜在祇园街道上闲晃时，总不禁期盼有一道紧闭的门会突然打开，从里头伸出一只手，将我拉进门内一探那深不可测的世界，就像好莱坞电影中一只不知名的手从冰冷大海中拯救溺水的人一般。

对于艺妓小屋里头的情景，我也只能做出模糊的猜测。在我的想象中，里头会有绵延千年的清酒从特别捏塑的古老陶瓷中流泻而出；雅客激昂地对谈着有关存在的意义；美丽餐盘里盛满各色菜肴，有着外界未曾品尝过的口感与滋味。人人双手纷忙、额头落汗；席间既流淌着智语，却又暗示着嘲讽。当我紧紧地闭上双眼，仿佛能看见纤薄

传统日式旅馆入口处隐晦的灯光。

的纸门上，映照着夜里最后一盏烛火的橙光。

然而，我无从查证这种种猜测是否正确。除非是家族系出德川幕府，又或者与某位茶道大师的女儿有所往来，不然对于发生在京都的众多宴乐，你能做的便只有付诸空想。

不过也并非一切都如此难以触及。某日午后我参观了一堂茶道课，总共两男三女的五名学生中，仅有一人不到六十岁。他们花了好几个小时，练习如何在榻榻米地板中央的挖空处生起无烟炭火。接着每个人都拿起竹制茶筅，将茶碗里的热水与抹茶粉充分混合起泡，制出一碗碗翡翠色的茶汤。一名身穿紫色和服的年长女性向我递上茶碗，我按照以前所学，先转动茶碗三次，表示对茶人的敬意，再将茶一饮而尽。茶味醇厚且带着草香与恰到好处的苦涩，一碗茶便自成一顿餐点。想成为茶道大师需要历经三个阶段，而为我奉茶的女性，在课上学了二十年却仍然停留在第一阶段。她闭起双眸微微低头致意，说道："我知道在往下个阶段迈进之前，我还有很多应该学习的。"

某天傍晚，太阳刚沉入城市背后的群峰之后，我和菊乃井的主厨村田吉弘约了见面。菊乃井是京都备受尊崇的怀石餐厅，而村田先生更是全日本家喻户晓的料理人，同时也是日本料理能受到联合国教科文组织的青睐，名列非物质文化遗产的幕后功臣之一。我们约好碰面的地方在他餐厅二楼一处私人房间，与会者除了我们两个，还有五名西装笔挺的政府各部门人士。听说我来自美国，村田先生于是稍加论述他对全球餐饮的认知："西方料理的基础是油脂，但日本料理的风味源自没有多余热量的大自然鲜味。这也是为什么日本人比其他国家的人长寿的原因。”

另外有一天，横山先生带我面会杉本节子女士，她是京都一个古老家族的现任女族长。杉本家族历史悠久，自京都还是日本首都的年代一路绵延至今，传承了十七代之久。杉本女士的住所是市内最古老的宅邸之一，受到政府的重视与保护，连要调动家具位置，都需要经过市府部门许可才行。杉本女士招待我们品尝京都自古以来的家庭料理“御番菜”作晚餐，有着热腾腾的茶泡饭和撒满鱼干的豆腐沙拉。“我们正在一点一滴地失去传统。”她一边说着，一边从老式的木柴炉灶上舀汤。

话虽如此，其实大部分没在怀石餐厅用餐的其他时间，都被我拿来在街上闲逛：走过和果子铺，看职人将蜜豆塑造成可食用的艺术品；沿着蜿蜒的“哲学之道”穿梭于寺庙、神社；横越河道，漫步于“白川通”黄昏的霞光中，街景美得令人屏息。

我在京都的时候，连续几天做了几场离奇的梦。某个夜晚我梦见奥巴马要我居中安排美日贸易协商，隔天则是梦到自己熨烫着永远熨不平的西装外套。这些梦明显反映了我内心的焦虑。即便是动人的花艺摆设、描绘着季节感的画轴，或是幽暗神秘的小径，都难以将这种心情挥出脑海。我不确定这是源自我无从探索门扉背后的无力感，还是由于人们如此坚守界线。也可能只是因为鞋子过于合脚，说了太多的日文，或是筷子难以运用自如。我反复思索着各种可能的譬喻来解释我的感受：京都就像一场大人的圣诞晚宴，但我却被困在儿童桌；或者说京都正如一首意蕴深远的诗，我却对其中深意不得要领。

纵然心中充满疑虑、躁动，即便各种事实使我坐立难安，每当目睹舞妓，也就是见习艺妓自帘后走出，听到她们脚上穿的木屐发出的清脆响声回荡于静谧街道，整个世界便仿佛瞬间静止。我双脚发软，掌心冒汗，所有事物在这一刻变得无比模糊——我想起这便是一切的初衷。京都为人所憧憬的是美妙乐音的演奏者，而我们是来此寻求梦想的追梦人。

等我们回到“天妇罗 · 松”，早上在市场采买的食材已各自经过处理。在许多知名的京都餐厅，要将原本的食材转化为菜肴，讲究的是细腻而不过度的加工，如轻划的刀工、焯煮、刷上少许酱油，等等。但在“天妇罗 · 松”，改变样貌的程度可就剧烈多了。

那只 3.7 公斤的鳖早就断了气息，鳖壳在高汤表面载浮载沉，为加入了大葱、姜、清酒和甜料酒的汤头添味；野猪肉浸泡于白味噌中，与满满鲜采香草和白萝卜块在锅中以小火炖煮。竹笋则是从后车厢取出后直接倒进一大锅沸水里氽烫，不过这还只是第一步而已。待历经更多程序，鲜嫩的竹笋就会分别化身为今日菜单中五道不同的料理。

“天妇罗 · 松”的五名厨师，他们在这里工作的年头加起来已经超过一个世纪。最年轻的 Kazuhiro Nakagawa 专门负责米饭，这可说是最单纯却也最具压力的一份工作。毕竟在日本，端出来的米饭一向得十全十美才行。Hirofumi Oyagi 负责炸天妇罗，他以筷子轻轻搅拌面糊，并滴了几滴至油锅中测试油温。就像饲主会与他的宠物长得越来越相像一般，在油炸锅前站了四十二年，Hirofumi 汗水淋漓、有棱有角的脸庞，宛如铸铁般漆黑的双眼跟头发，让他这几十年下来似乎也已经与油锅一心同体。

如果你静静坐在板凳上仔细观察 Takashi Shingu 一段时间，最终便能揭开日本料理的所有秘密。他将和牛、鲑鱼，以及一团团鳕鱼精囊分别串起，置于炭火上慢烤，河豚及乌贼也在他刀下变成片片厚薄均一的刺身。他在砧板上固定住一条还在扭动的鳗鱼，挥刀去皮后利落地剖片，然后趁着鱼肉甚至还在抽动之际淋上清酒，放入竹笼里蒸煮。他在读高中的时候就已成为“天妇罗 · 松”的一分子，至今从业将近四十年。他每天专心做菜的一举一动就好似在表明：这一生除了料理别无他求。

烤、蒸、炖、切、炸，你可以看见怀石料理的要素自在且流畅地环绕着“天妇罗 · 松”。材料全部就绪后，松野父子前往楼上为接客做准备。儿子俊雄换下采购服，穿着洁净的主厨白大褂走下楼来，左前胸处绣着一个小小的“松”字。他今年三十岁，但外表看起来却要年轻十岁。他有着如男子乐团歌手般俊俏的长相，还总是不停笑着，仿佛每件事都是他生命中最有趣的事。

他曾在今日堪称法国料理大师的亚伦 · 杜卡斯（Alain Ducasse）手下受训过，他说：“我教杜卡斯怎么用热石板料理食材。”话中带着些许亲切的严肃口吻，足以打消你对这件事抱持的怀疑态度。“现在他每一家店都会沿用这种做法，不过他实在太有名了，别人都会以为是我们学他的。”他看着我，似乎很在意为何我没有动笔。“还请你务必把这点写下来。”

松野俊雄也待过京都最负盛名的怀石圣殿“吉兆”。这里的晚餐从四百美金起跳，罗列的菜色犹如一部可以食用的日本古都史。要从这城市的餐厅中找到像他这般的厨师并不容易——年纪轻轻却天赋异禀，一只眼睛定焦于京都，另一只则着眼于探索世界料理的广度。

当然，俊雄真正的师父还是他的父亲。正是他的父亲松野先生教会了他如何去鱼骨、炸蔬菜，如何调和两种完全相反的风味。一般来说，在日本的厨房，老板的儿子无论资历如何，都会被分派成辅助的角色——在京都尤其如此。然而“天妇罗 · 松”的这对父子充满活力的互动，是我在日本别处未曾见过的。他们总是分工合作，不时交换意见，并深深地敬重彼此具备的才华。

“当客人喜欢某道菜，通常就会问这是谁做的，”松野先生说，“不过，我们向来是两人一同完成。基本创作理念也许是来自我们其中一个人的，但端上桌的都是合作的成果。”

“别听他乱讲！”儿子俊雄一边说，一边排好要用来装刺身的盘子。“昨天我想到新菜色的点子，老爸还一脸不以为然。但后来有客人说很喜欢这道菜，他竟然又说自己也很喜欢。每次都是这样。”松野俊雄虽然面带调皮的微笑，但从他在厨房的架势，以及那些工龄甚至大过他年纪的人是如何严格遵从他的指挥，就看得出他已准备好要把京都料理推向更高的境界。

“京都是一个努力想要停留在过去的地方。”松野先生说，“许多从本地知名餐厅训练出来的年轻厨师在独当一面后还是会开设一模一样的怀石餐厅。至于我们，虽然不曾停止追求完美，但也不会就这么牺牲了创意。我们不是要改变传统，而是要在传统上建立新的层次。”

松野先生说，这正是儿子俊雄能发挥所长的地方。“他肩负着这家店的未来。我必须让他有权力、有能力做他该做的来顺应变化。时代会不断改变，我们把各自不同的从业背景结合在一起，才造就了这间店。”

接近中午十一点三十分，客人渐渐抵达。一开始，有对香港夫妇带着六岁大的儿子在吧台前就座。接着四名上班族被带到角落的一桌，然后进来了一名单身东京女子和两名第三次来访的新加坡青年，依次将吧台座位填满。

眼看松野父子在厨房自在地来回忙碌，父亲试尝了酱汁并将刺身摆盘，儿子俊雄忙着移动岗位，搅拌、切片、串肉，飞快地完成一道道料理。松野太太和女儿负责吧台另一端的接待，如应对预订或推荐清酒，还有将料理端给坐在二楼、远离了厨房喧嚣的客人。

跟着横山先生初次前来的那晚，我学到了“天妇罗 · 松”的待客之道，这便是与客人的互动，以及厨房壮观的料理风景。“谁都能煮出一手好菜。重点在于感受喜悦跟乐趣。”松野先生说，“如果料理的时候还能同时观察客人的神色或者看见他们的微笑，那感觉更是与众不同。”整个午餐时段，松野先生等人不时会说说笑话，有问有答，并有不少料理都会特地在客人眼前的吧台上完成烹调与摆盘，让用餐的客人全都欣喜不已。

不过，接待的时间一长，老父亲也慢慢露出疲态，从原先的试尝、摆盘、与宾客说笑，改为两手抱胸伫立在厨房中央环视整间餐厅。十年前他心脏病发作，此后右手在厨房再也派不上用场。他从来没在人

前抱怨过这件事，然而在某些安静的空当，你会听见他间接地谈起日益严重的健康问题。当他表示俊雄肩负着这间店的未来，这并不只是老掉牙的台词，而是预言。

“说不定我以后不会继续目前的做法。”我向松野俊雄问及对这间店的将来有何打算的时候，他如此说道，“我不认为自己有办法模仿老爸的做法，也不觉得这样会是正确的。”

单纯就技巧来说，俊雄若要开拓一条他自己的路是绰绰有余。就我所见，很少有厨师如他这般手法独到、多才多艺，而且天赋异禀，能开创出独具意义的美食。但是，“天妇罗·松”毕竟是他父亲的厨房，也是父亲一生的心血。松野俊一花了一辈子摒弃京都的常规，搭起通往崭新未来的桥梁，而身为儿子的俊雄则害怕有朝一日他将不得不独自跨越这座桥。

有天早上，我租了辆单车，背包里装着满满的咸味点心和绿茶，离开京都古城一路往西，前往这趟出行的主要目的地——金阁寺。没骑多久就发觉，市内的活力主要都集中于乌丸车站与岚山之间的广大地带。人们会在此采购电器、喝着自动贩卖机买来的罐装咖啡，或是搭乘大众交通工具，和日本其他地方的居民没两样。

骑到路程的大约一半，我在某处繁忙街角遇上红灯。等待期间，来来往往的人和事物与我擦身而过：汽车的喇叭声、吃着外带薯条的格子裙女学生、沿街发放手机特惠传单的男子。信号灯历经了三次变换，但我只是静静地站着，眼神涣散，暗自纳闷该怎么理解眼前这奇特的城市光景。

这可不是我们来京都想要看到的。如果希望一览祇园街道那样令人舒心放松的景象，就最好别离开鸭川以东。大部分观光客，不论外国人或来自其他县市的日本人，都尽量不想破坏心中对京都的美好印象，然而一旦徒步、骑脚踏车或搭出租车往西边移动，就会看见这座城市的另一面：这里没有幽暗的红色灯笼，没有用耙子整理过的枯山水，更没有化上白色妆容的艺妓。

这个“京都”的动力来源，和日本的大部分地区相同，是热气蒸腾的大碗酱油拉面、串烤鸡心，或是罗森便利店的鸡蛋沙拉三明治。在这里，怀石料理是自豪的产物，却不会是用来填饱肚子的选项。

若说“菊乃井”“绪方”这一类的餐厅滋养了老京都（还有那些来此享受纯正古风的富裕游客），那么“枝鲁枝鲁”便代表了较为现代的都市口味：比起遵循传统，更看重年轻时髦、餐点价值与享受美好时光。

“枝鲁枝鲁”从最广义的定义来看，可以说是一家怀石餐厅。的确，这里端出来的第三道是刺身，第六道是天妇罗，最后才是饭和味噌汤，全都按照怀石的基本规则。但与那些让京都成为米其林银河的正统餐厅相比，相似之处仅止于此，相异处反倒是多不胜数。

首先是店内的嘈杂声。交谈声、笑声在空间内互相碰撞回荡，不像多数怀石餐厅安静到连根针掉到地上都能听见，这里的喧闹程度实为惊人。

再来是厨师。闪亮的尖刺状金发、刺青、大嗓门，加上活泼的姿态，说不定还有点喝醉了。和你在日本见过的其他厨师有着天壤之别。

而用餐的客人看上去和厨师差不了多少，都是年纪轻轻、打扮时髦，彼此皆喝了不少酒。而若把这个空间里的人脸上蓄的胡子汇总一番，大概会比日本其余地方的加起来还多。

最后是价格。晚餐只需三千五百日元，约是京都高档怀石餐厅的十分之一，而事先预约的客群自然也来自不同层次。

如果说“草食中东”是古典乐，“天妇罗·松”是爵士乐，那么“枝鲁枝鲁”便是怀石的朋克摇滚，自有步调、吵闹喧嚣、对规则和他人的期待不屑一顾。餐厅里找不到启人思绪的画轴、令人赞叹的花艺、供人欣赏的古董陶器。至于餐点嘛，只能说和任何正统怀石料理相比，都更见人为的处理及刻意的装点。

“从很多方面来说，菜色越贵，做法越简朴。这一点，对许多没经验的初学者来说很难理解。”在“枝鲁枝鲁”工作了六年的厨师奥田将太这么说，“我们必须开创各种技巧，来和负担得起的食材相互搭配。”他们的成果有很多都展现了宏大视野和灵巧手法。例如，在一碗饭里加入芝麻、白萝卜、鱼卵跟新鲜草莓，使甜味与咸味巧妙地取得平衡；又或者用脆皮鱼饼搭配以豆腐泥及葡萄柚果肉制成的酱料，这道料理带来的对比滋味与口感，让人在品尝之后，不禁期盼有更多怀石师傅能开发出这样的菜色。

然而大多数时候，我还是看清了这套三十五美元的怀石晚餐所能到达的极限。最后的米饭配上肉质软嫩的烤星鳗，不禁重新燃起我对“绪方”那外酥里嫩的蒲烧鳗鱼的渴望。

不过其他顾客好像都不在意这点。年轻情侣在吧台下方手牵手，一名脸色红润的客人拿着小杯威士忌，对着工作人员不停邀酒，而有位女招待正是这位慷慨客人的“受害者”，就这么脚步蹒跚地端上甜点给最后一批客人。

奥田将太说：“京都说到底还是有很多年轻人。大学生吃不起传统怀石，但可以来这里约会。”

“枝鲁枝鲁”并非唯一一家挑战传统怀石料理的餐厅。“神保町·传”在旧有形式里融入奇想与花招，比方说蘸取甜菜汁充当血渍的和牛肉，以及戏仿肯德基炸鸡包装的“传德基”炸鸡。“龙吟”主厨山本征治则结合了职人对食材的执着和取自西方现代餐饮的华丽技法。这两家店都是相当出色且值得一访的餐厅，不过都位于东京，远离了京都的古老规矩与限制。

与上述两家相比，有喝得踉跄的女招待，以及走摇滚乐手席德·维瑟斯（Sid Vicious）路线的厨师，“枝鲁枝鲁”在怀石料理的世界就显得特别出格。而店家最大胆的作为或许就是选在白川运河旁营业，离极为古老优美的京都胜地祇园只隔了几条街。这是昔日与前景之间的角力——不仅怀石与京都，整个日本在各方面都可能会遭遇到这般难题，通过这样一家店名可笑的餐厅而变得具体。

这家店会是怀石未来的面貌吗？或许有一半的京都人光想到这里就不寒而栗，但还有一半已经排起队伍等着预订了。

当午餐时段的最后一群客人走出店门，松野先生要我在吧台前坐下，然后用日文对着儿子说了些话。想必其内容只有一种可能，就是

“继续上菜”。

眼前首先出现了一块嗞嗞作响的石板，也就是好几年前松野俊雄介绍给杜卡斯使用的那种。今天，上面摆满米饭、姜汁跟小只的萤乌贼，在他像拌沙拉一般于石板上翻炒时，不断发出嗞嗞声响，然后被推到我的面前。乌贼内脏包覆着一粒粒米饭，就好似海鲜炖饭，散发着浓浓香气；同时，石板的热度让饭粒变得酥脆，有如无懈可击的韩式拌饭。

此时其余厨师早已停下手边的工作，就连松野先生也已走出厨房跟他太太交谈。掌厨的只剩俊雄一人，他扭动着双肩利落地来回于各个岗位，显得好像他正是为了这独当一面的一刻而活。

接下来换蒸鸡蛋羹登场。柔滑绵细的蒸蛋搭配山间野蔬作为点缀，碗的周围铺着从竹林采回的鲜花——这是一道历史与京都同样悠久的料理。

俊雄自烤架抽出一串鳕鱼精囊，让两团鱼白自串上滑入陶碗，碗里装满了滚至冒泡的味噌。接着他离开了一下，回来的时候在碗里加了一勺刚拿来的腌海参肠。这道创意菜色就如同窗外在春季绽放的花朵一样清新美好。

美食一道接着一道，今天稍早在市场购得的极品食材逐一于盘中重获新生。

接着眼前出现了一个黑底描金碗。俊雄揭开碗盖，碗内装的是切成薄片、三岁大而未经交配的野猪肉，连同京都白味噌和根茎类蔬菜煨煮，滋味咸中带甜，肉质软嫩。

轮到北海道海胆和关西海胆上桌时，前者摆在裹着米粉稍稍油炸过的芋头块上，后者则轻置于炸过的紫苏叶上。两种海胆，两种滋味，与早晨在市场所学相互呼应。

松野先生回到厨房，缓缓移动到儿子身后，仔细观察他的一举一动。

此时俊雄开始处理刺身，在砧板上把鲷鱼片及河豚片或摆成扇状或卷起，排成一朵白玫瑰。就在他摆盘之前，松野先生伸出手，默默地把儿子选好用来盛装的餐盘换成自己中意的江户矩形瓷盘。

俊雄从角落的黑色铁锅中夹出色泽金黄且嗞嗞作响的炸虾、茄子，以及早春收成的洋葱，分别盛在小碟上后添加日本酸橙片提味。在料理端上桌前，松野先生趁着儿子没看见又偷偷撒了少许盐巴。

眼前，是一位父亲如影随形地跟着儿子的每个动作。当俊雄拿着薄片状的海参卵在炭火上方轻轻过火，松野先生便靠近儿子的肩膀说道："注意点。你不是要把卵烤熟，是要释放出香味。"

俊雄将炸白带鱼骨摆在一个质地粗糙的瓷盘上头，鱼肋部位塞入花椒花和磨碎的柚子皮，再铺上一小片微烤过的海参卵。一口咬下，鱼骨宛如洋芋片般香脆，而海参卵亦带来如爆炸般冲击的鲜美滋味。

一道金色光芒穿过窗户，照亮了铜茶壶袅袅上升的蒸气；外头的河水在山脚边粼粼发光，此刻的"天妇罗 · 松"看起来无比庄严。

距离午餐时间已经过了很久了。一般来说，这时候松野先生一家应该在楼上一同享用中餐，沉浸于自早晨以来至迎接晚餐以前的唯一一段宁静时光。不过，今天却并非如此。

俊雄用钳子从火中夹出滚烫的备长炭，放在一片倒置的日本屋瓦

松野俊雄正在料理一道新菜色，他的父亲则在一旁观视。

上，里头装满了沙，他把瓦片连同炭火移到我面前。“这是我刚刚想到的新点子。”他如是说，脸上还带着一抹淘气的微笑。

接着他用筷子夹起两片富含油花的和牛肉，直接放在备长炭上面。在肉与木炭接触的瞬间，如云雾般的烟气冉冉升起。

松野先生紧靠在俊雄身旁，扬起双眉，露出介于惊讶与怀疑之间的神色。然而他并未开口说任何话或是做任何动作——既未捏起一撮盐，也没有拿来新的餐盘。这位父亲就只是伫立在儿子身旁，近得仿佛连气息都能触碰到对方的脖子，然后看着他料理一道他们谁都不曾尝过的菜色。

送礼的艺术
THE ART OF GIFT GIVING

土特产
OMIYAGE

原文照字面意思是“土地所产”，亦即当地出产的食物。这个词代表着向他人赠送礼物，也是测试一个人对日本文化理解度的试金石。通常，食物或酒饮是最合适的礼物，但土特产则不止于此。

不成敬意
TSUMARANAI

西方人常会忍不住大肆抬高礼物的身价，但日本人就低调多了。“不成敬意，还请笑纳”（Tsumaranai mono desll ga），是送礼时惯用的客套话。对方接着也许会推辞个几回，但记得要坚持送出去。

添麻烦
MEIWAKU

想问送礼者该注意的潜规则吗？其中一样就是别给收礼人添麻烦。不要在晚上一同外出时给对方增加负担，送出一大瓶重到不行的酒。没必要的话也不要挑太贵重的礼物——按日本习俗，回礼大约得值所收礼物的一半。所以，一份昂贵大礼只会害对方事后破费而已。

名产
MEIBUTSU

送礼时，最老套的或许也就是最棒的，即来自日本各个地区的特色美食。例如北海道毛蟹或山梨的葡萄，虽然称不上有多特别，但送礼的目的本来就不是为了噱头。再说，名产可美味了。

宅配
TAKKYUBIN

不想在行李箱里塞一只毛蟹吗？说的也对，何况就算是葡萄也不适合随身带着旅行。还好有便利的宅配系统，能把当地特产快速送至日本各地，而且价格公道。

日本
各地美食行旅之最

日本的风貌可说是由独具特色的各个地区塑造而成。旅游时难以抉择的并非该去哪里玩，而是该吃什么。以下将为你提供答案。

日本

各地美食行旅之最

日本的风貌可说是由特色独具的各个地区形塑而成。旅游时难以抉择的并非该去哪里玩，而是该吃什么。以下为你提供了解答。

高松乌冬面

日本大概没有其他城市像高松一样，如此以单一美食著称。这里有数百家餐厅专卖赞岐乌冬面：汤里耐嚼的粗面条配上生蛋、天妇罗及炖牛肉等，配料无所不包。不确定该吃哪家吗？拦下一辆车顶上有一碗乌冬面摆饰的出租车，司机就会载你走遍市内最棒的面店。

长野荞麦面

荞麦文化越往高山走就越是深厚且美味。群山环绕的长野制出的荞麦面在日本国内有着数一数二的美名。面的种类繁多，你可以选择冰凉的原味捞面、热腾腾的汤面，或是上铺野鸭肉的炭烧荞麦面（面粉中活入炭粉）。“草笛”和“藤木庵”皆为创业好几百年的老店，是一窥荞麦面天地的首选

函馆
丰富海产

函馆位于北海道南端，有着引以为傲的海产，其多样性在全世界算是数一数二。早市罗列着野生鲑鱼、毛蟹、硕大扇贝，还有堆积如山的金黄海胆。想要一次满足？早餐就来碗在热腾腾的白饭上铺满北海道一流生鲜的丼饭吧，既可品尝单一海鲜，也可选择多种渔获。

大阪
街头小吃

作为享乐与廉价美食的集散地，大阪可谓名不虚传。随处可见适合轻松用餐的小铺、充满活力的酒吧，还有提供快速又香气十足的美食的路边摊。大阪人说的“为吃散财”，正是这座最无拘无束的日本第二大城市人人心中的准则，而若是有机会来访，这也应该是你的首要目标。靠着章鱼烧、御好烧、冰啤酒，还有大阪市民的热情奔放，不管谁都能在此开心地过上好几周。

鹿儿岛猪肉和烧酒

位处九州岛南部的鹿儿岛自有许多让人流连之处：也许是仍会喷火吐烟的樱岛活火山，让人眼花缭乱的海景，破烂的寻乐地带；又或者是堪称日本第一的烧酒（这里有超过一百多家酿酒商任君挑选），以及所有涮涮锅、炖煮和拉面中所选用的巴克夏猪肉。尽你所能尝遍当地的居酒屋，满足口腹之欲吧。

福冈
路边摊小吃

福冈是日本路边摊文化最后的大本营，这熙来攘往的喧闹天地不禁让人想起，昔日多数日本美食正是从这一类木制小摊诞生的。实际走一遭，便会发现路边摊各有所长，从经典鸡尾酒、法国乡间料理，到意式地方菜色，皆有囊括。三大主流则是烤鸡肉串、关东煮和豚骨拉面。置身狭窄的店面加上饮之不尽的酒饮，让路边摊成为快速结交新朋友的好地方

重要信息

外国人用日语词汇表

美味しい OISHII

好吃

要说有哪个词汇能拉近宾主距离，就是这个了。说的时候眼里带着些许激动，就能将所有语言与文化的隔阂化为一股在彼此之间窜流的暖意。

すみません SUMIMASEN

不好意思

私人空间在日本极受重视，却又很难拿捏分寸。“Sumimasen”，或是外国人版的破日文“Excuse-me-masen”，正是能为你化解任何尴尬情况的万用法宝。

どうぞ DOZO

请；您先请

如同西班牙语的“vale”和德语的“doch”，在日文里头这个词也有着多种用途。无论何种情境——让人先行或是递礼物给对方，说声“请”，会令人觉得你很有礼貌。而“礼仪”的价值在日本可不容低估。

どこ DOKO

在哪里

在日本，不只大部分当地人不懂英语，就连街道标志和路名也很少标示罗马拼音，而导览手册和网络上的信息通常并不牢靠。“Doko？”正是你的旅游良伴。

食べます TABEMASU

吃

你来日本就是为了吃，对吧？说的时候让语尾上扬当作问句用，马上就会有人领着你去探索美食了。（请记得日文里这句话最后的“u”是不发音的。）

お任せ OMAKASE

交给您决定

这句话相当于把一切都交由主厨掌控，在高档寿司店或许多顶级餐厅都时有耳闻。如果想来场无边无际的料理探险，或是不晓得该怎么点餐，搬出这句就对了。

いただきます ITADAKIMASU

我开动了

用餐前说句“Itadakimasu”，用餐后不忘说“Gochiso sama deshita”，能为你在每一处赢得不少人心。这句话的基本用意是在吃饭前向为你准备餐点的人致上敬意。

ご馳走さまでした GOCHISO SAMA DESHITA

多谢款待

吃饱的时候就用这句话来感谢并赞美一下厨师吧。等隔天再来吃午饭时，他们会热烈欢迎你的。

第四章 福冈

上村敏行每年吃掉四百碗拉面，等于每天午餐或晚餐吃一碗，加上每周大约有一天的早餐。每周一次的拉面早餐，他通常会选择前往靠海的“元祖长滨屋”，这间传奇店铺的外表乍看之下就像是一天营业二十小时的汽配行。“我有时就是等不及午餐时间。”上村先生说。我看他吃起拉面来总是一副迫不及待的样子，粗面条一入口好像没经过咀嚼就直接滑落喉咙了，吃法像只鸭子一样。“所以我常会和刚下夜班的出租车司机一起，早早就享用。”

他吃拉面的记忆最早可以回溯到童年时期住在鹿儿岛的时候。鹿儿岛位于九州岛南端，出产肥美猪肉和以薯类为基底的酒，并以此闻名。当时，父母请当地餐厅外送拉面到府，算是让全家一同共享一顿大餐。即便事隔多年，且隔着怀旧的温情迷雾，记忆也不再清晰，上村先生却仍然忍不住批评孩提时候的拉面时光："等拉面送到家里，汤头都冷了，面也坨了，实在没有什么好印象。"

他在十七岁时搬到九州岛的福冈市，进入福冈大学学习摄影。就在开始独立生活的头一年，他体验到拉面所带来的深刻启发。这碗让人脱胎换骨的面来自全国连锁店"一兰"，现在人气高涨，质量算中等，不过在当时却为他打开了一片人生的新天地。"那是前所未有的感受。我没想到原来拉面可以这么好吃。"

此后二十年间，他从一位充满热情的消费者，跃升为国内首屈一指的拉面博客的博主。谈到饮食写作，日本人相当热衷于搜集各种资料，而刚起步的拉面博客正是致力于钻研并记录有关这种令全日本为之着迷的面食的点点滴滴。上村先生的网站上刊有九州岛数百间拉面店的评论，详细分析汤头、面种及其与配料之间的平衡感。同时，他也为在日本同类型刊物中占有一席之地的杂志《拉面行者》（*Ramen Walker*）撰稿，甚至定期上电视，评点时下备受关注的拉面议题。

拉面博主不只是被动地观察市场现象，还会积极开创潮流（对各家店面的生意兴衰具有影响力），并会全面且细致地剖析拉面的供需情形与文化演变。有时，他们还会亲自站在吧台另一侧的厨房，实际熬煮高汤、擀揉面团。这群人是现代拉面文化的核心，毫不逊色于头绑白巾的厨师和大声啜饮汤汁的上班族军团。

想成为如上村先生这般有地位的拉面作家，首要条件便是住在拉面圣地。而日本最全心奉献于拉面的地方，毫无疑问地非福冈莫属。九州岛在日本四大岛屿中地处最南边，其中位于北侧沿岸的福冈市有一百五十万的居民及两千多间拉面店，堪称全国拉面店分布最稠密的汤面产业重镇。众所周知，日本拉面的口味种类如雪花般难以计数，但福冈则是对“豚骨”情有独钟，为孕育豚骨拉面的摇篮之地。此种拉面的汤头是将猪骨历经不停熬煮数日，萃取出油脂与胶原蛋白，因而呈现乳白色。豚骨拉面不仅是福冈名物，亦如同城市本身，在大碗中汇集了各种优劣。

的确，只要和日本人提起去过福冈，不管是谁，一定劈头就问：“豚骨拉面的滋味如何？”

尽管被冠上廉价快餐之名，但拉面的内涵繁复高深，好比支撑着日本现代社会的一根中流砥柱，对于政治、文化与饮食方面的影响，已远不只限于一只汤碗的范畴。其中许多相关的重大创新全都源自福冈。踏进这拉面热潮的发祥地，你会发现使用豚骨高汤的店家多如繁星，让人眼花缭乱，对拉面新手来说或许有些难以适应。

不过，我并非新手，至少不完全是。一如大多数西方人，我的拉面史是从一块干燥面砖和一个银色的调味包开始的。这种一美元三包的维生之道，助我撑过了饥肠辘辘的大学年华。后来，我开始接触到真正的拉面。首先是赶上了纽约早期的拉面热潮，接着来了一趟东京拉面店巡礼，直到此时我才茅塞顿开，知晓原来拉面竟蕴含着如此细腻而令人惊叹的美妙滋味。

然而话说回来，这般到处都能端出好吃到让人飘飘欲仙的拉面圣地，对我来说也算是个崭新的领域。人生的志向要是少了点野心跟傻劲儿，或是不牺牲点健康的话，那就称不上是目标了。我不停地追踪这只足迹遍布各地的“拉面怪兽”，不只是为了满足口腹之欲，同时也想更进一步了解，何以传自中国的面食会成为21世纪日本饮食文化中的一大要角？任何一位当地人都能带你去他中意的几家私房好店，但若想触及个中奥妙，就需明察秋毫的博主指引。这也是为什么我要请上村先生来当我的拉面导师，为我诠释汤头隐含的真理，来一场城市之于拉面及拉面之于城市的心灵之旅的缘故。

最广义地说，一碗拉面内含四大元素：酱汁（汤头的调味基底）、汤头、面条，以及配料（当然，如果是像上村先生这类的拉面痴，还能从中再细分出好几十项）。

就从铺在面上的配料谈起吧。照理来说，任何东西都能拿来当作配料，但百分之九十五的日本拉面都会配上叉烧肉片。若一切顺利，这代表你会尝到腌过的猪五花肉或猪肩肉。这些肉在低温下被精心烤至油脂熔化，仿佛只要瞪一眼就会散架。除了猪肉，另一绝对不会缺席的便是葱花，乍看宛如浓郁汤海中的一座辛香小岛。此外，其他常见的配料还有笋干、海苔片、豆芽、鱼糕、生蒜及溏心蛋。不过当然，你也能在某些独树一帜的拉面里找到其他各种非主流的配料，这部分就有待后续章节再来详述。

拉面面条的形状依地区及风格而异，不过其中的共通点便是含有碱盐。在制面时加入碱水会使面条呈现黄色，且不至于在热汤中迅速坨掉。事实上，在五花八门、各自发挥的汤面体系中，将拉面这个领域统合起来的，正是碱水面条。“不加碱水，就不叫拉面了。”上村先生说。

面条和配料是至关紧要的拉面配方，但整碗面的精髓毫无疑问取决于汤头，它将一碗面里风格与滋味各异的食材融为一体，同时也是拉面师傅能否成名的关键。熬汤的材料包罗万象，走兽、游鱼、蔬菜、水果无一不包，诸如鸡肉、猪肉、鱼肉、蘑菇、根菜类、香草及辛香料等。拉面汤头讲求的不是细节，而是冲击性。也因此，汤头多半会使用大量鸡骨或猪骨，甚至两者都放，并以高温长时间熬煮。

酱汁则负责打下每碗拉面的风味基底。通常仅须加入一两盎司这特殊的浓缩液体，就能为拉面带来戏剧性的转变。在札幌，酱汁多会使用味噌，在东京则以酱油为主。某些大胆创新的店家制作酱汁时甚至会使用多达二十几种材料，宛如药剂师调配秘方一般，加进鱼干、菇类和各种秘传的调味料。酱汁基本上与整个日本料理的核心目标不谋而合——皆是为了尽可能让每一口料理都富含天然鲜美的滋味。

在上述可变因素的交织之下，能拼凑出来的排列组合可说是无穷无境。但在福冈，人们对豚骨口味以外的毫无兴趣。多年以来，九州岛一直是日本猪肉产业的核心，而最能展现猪肉秘藏美味的料理，莫过于豚骨拉面。为了让我能确切理解福冈与豚骨拉面之间的关系，上村先生首先带我造访了他颇为中意的拉面店之一——“元次”。

观察上村先生评断一间拉面店，就像看着侦探在犯罪现场进行推理。他首先谈起了布帘，也就是必会挂在店家门口的布帘。“要是很油腻的拉面，布帘看上去就会像件脏衬衫。”他边说边伸手摸了几下布帘，然后轻轻点头以示赞许。

接下来，他深深吸了口气。豚骨拉面以香气浓郁著称，举个最极

拉面是日本少数没有“标准”可循的料理之一。

端的例子来说，你甚至可以从三条街外就闻到来自店里的袭人香味。这气味有点类似谷仓，闻不惯的人可能还会觉得像是汗脚臭。如此浓香萦绕在福冈的每个角落，宛如笼罩整座城市的缕缕水烟，令人想起旧金山丘陵间盘绕不去的雾气。

“我走进一家店，只要闻一闻汤头的香气，就想象得出这汤头是怎么熬的。”上村先生在我们走进店里时低声说道。我跟着深呼吸，脑子里不知怎的闪过了许多猪的生前片段。

点完餐后，上村先生把注意力转到了面条上。他仔细观察店家是将面体放入个别筛网滚煮以便于计时，还是一团团直接投进沸腾的大锅中。近来大部分厨师都会选择前者，然而上村先生更偏好后者那般在热水中尽情翻腾的豪放之感。“我很敬佩能把面全部丢进去一起煮的本事。这种做法必须具备高明的技巧和敏锐的直觉。”

从踏进店门到现在，他丝毫不放过任何一个促成美味拉面的征兆。例如，起锅时师傅如何甩落面上的水滴，以免稀释了作为拉面精华的汤头；怎样细心地以适宜厚度片下叉烧，让肥美肉脂在遇上热汤后逐渐熔化；如何井然有序地铺排葱花、海苔等配料，维持住相异口感之间的平衡。

“为了精确地评判拉面，我费了很大工夫去收集所有必要的信息。很多事情是如果你不亲自探头看看厨房就一辈子也弄不明白的。”上村先生说。

我们的第一碗拉面分别端来了。充满震撼的视觉呈现，生动地道出博多风豚骨拉面的特色——色泽浅白的细直面条、带有象牙色的浓醇汤头，以及两片叉烧，除此之外几乎看不到其他配料。桌上摆有福冈三合一的佐料组合：芝麻粒、白胡椒和些许刺激的桃红色腌姜。可上村先生对添加多余调料并不上心。他毫不犹豫地掰开相连的一次性木筷，搅拌一下后立刻大口吃了起来。相较之下，我在让筷子“涉水”时就显得谨慎多了。

大多数日本料理都有着互动性的共同体验：寿司师傅分次献上一贯贯美味；一盘堆得老高的串烧让众人分食；在你和同桌的伙伴间有涮涮锅滚煮着食材。然而拉面却并非如此。吃拉面，就是只属于你和那碗面的时光，可谓日本料理中最专注也最为亲密的饮食体验。也许你会偕朋友或同事一起享用，但只要面一上桌，所有交谈便会瞬间停止，只因人人都忙着把心思放在吃面喝汤上。此时此刻，没有只言片语，没有停歇，也没有服务人员在旁边询问汤头是否合乎胃口。你只管低下头，让双颊热气蒸腾，直到汤碗见底前都不抬起脸。

对菜鸟而言，在吃之前得先学着如何应付拉面如火山岩浆般滚烫的温度。若是想等拉面放凉，对你和拉面师傅来说都会是一段令人不安的时光。唯一的选择便是抛开西方安静用餐的那套礼仪，稀里呼噜地大快朵颐。靠着吸入空气来降低面条入口时的温度，可是经过缜密的计算的。一家座无虚席的拉面店所发出的声响，就像一台汽车吸尘器吸住了你的前座。在掌握这番吃法之前，或许免不了先烫伤个几次或弄脏几件衬衫，但要是不好好学会的话，就等着被身旁的老爷爷甩在身后吧。可能人家碗都空了，你都还没机会吃进第一口面。

上村先生花了三分钟，而我花了十二分钟才吃完整碗面，并且已是满头大汗。抬起头来一看，令人感到惊讶与些许难为情的是，原来我并不孤单——店里多是吃得汗如雨下的客人。

“走，去下一站。”上村先生说。我随他走出店门口，隐没在福冈夜色下的明亮灯光之中，继续寻觅下一碗拉面。

位于日本四大岛屿最南边的九州岛，向来是日本人与外界交流的门户。实际上在日本近代史里，九州岛有很长一段时间都是日本对外的唯一出入口。

公元1635年，幕府将军德川家光开始推行一连串的锁国政策，自此之后的两百年间，日本近乎与世隔绝，仅剩九州岛西岸的港口城市长崎对外开放。长崎从而成为一道让外来文化得以进入的小门——葡萄牙传教士带来了天妇罗和天主教；韩国人引进了大量陶瓷文化；从中国则传入各式汤面，包括日后的长崎名产“烩菜面”，有人认为这种以猪肉、海鲜和鸡蛋面条为主的面食正是日本拉面的前身。

与此同时，九州岛仍保有一股放荡不羁的野性。在17与18世纪，此处曾长期成为海盗跟特立独行者的大本营。海盗们把这里当作避风港，利用中央在地方的势力薄弱与公共秩序不彰的现状进行烧杀掳掠。到了19世纪，这股盗匪势力的大部分便与日本一大军事派系合并了。1877年，进入明治时代后不久，末代武士正是在此地——九州岛的萨摩藩——与新政府打响了最终的战役。

后来，九州岛成为钢铁产业的集中地，也因此在“二战”时期扮演了极为重要的角色。自1944年的八幡轰炸开始，这座南方之岛就成

倒映在那珂川上的福冈夕景。
这里的夜生活在日本也是数一数二的。

了美军首要的攻击目标。据说美国当年本来要将第二颗原子弹投向福冈县八幡钢铁厂，却因云层遮蔽、视线不佳转而瞄准长崎，将后者夷为平地。

战后，一如日本其他地区，九州岛同样以惊人的速度复苏，拓展产业，并在这之后一路不懈地努力将自身打造成一流旅游胜地，吸引国内外观光客前来。2004 年九州岛新干线通车，也让前来此地的交通变得更加便捷。在京都搭上列车的乘客，几乎都还没时间吃完一个便当、喝完一罐麒麟啤酒，就已经抵达博多车站了。

尽管交通便利，却只有近百分之三的美国观光客在造访日本时会踏足九州岛。只要在九州岛待过，任谁都会觉得不来此地是一大失策。这片大地适合沿岸航游、健步登山，还可享受热泥浴跟冰凉的白薯烧酒。更重要的，就是能大啖遍地美食。九州岛南部的鹿儿岛拥有各式各样的名产，如黑蹄猪、炸鱼糕，还有小而美味的沙丁鱼。大概只有每间酒吧和餐厅都能看到的世界级烧酒能够在数量上更胜它们一筹。西南岸的宫崎则是冲浪族的逐浪首选，当地料理以鸡肉最为出名：从炭烤至焦香的鸡腿，到西方保健学人士唯恐避之不及的鸡肉刺身，应有尽有。

然而，从饮食及其他方面来看，福冈才是九州岛生活的核心。福冈市早年就被分为两大块区域，那珂川以西称福冈，多有富商居住；以东称博多，为一般市井小民的聚集地。这两处虽于 1889 年正式合并，但这两个名字仍被当地人和政府官员习惯性地沿用至今（例如机场取名“福冈”，车站则定名“博多”）。

福冈有着多重而温和的吸引力，虽不能令人一见钟情，却会渐生迷恋。《单片眼镜》（*Monocle*）杂志在其2014年的调查中指出，福冈在“全球最宜居城市”中排名第十。这件事，你在当地大概还会不断听人提起。的确，从表面上来看，福冈拥有的条件比你所知的任何城市都更为诱人，不仅气候适宜、海岸优美、有众多公园与开放空间，还有丰富的美食跟热闹的夜生活。日本其他城市同样拥有许多叫观光客啧啧称奇的地方，而福冈的不同之处在于，你只要待上几天就会说服自己：“我完全可以想象在这里生活的感觉……”

在这里，有穿着超短裙的女孩与骗徒在中洲街角拉皮条；有时髦的年轻人和文青们在大名附近的窄巷里逛街买牛仔外套，啜饮抹茶拿铁；有双颊染上金枪鱼红的上班族直直往路边摊走去，打算在回家前喝完最后一轮，并来碗温热的食物收尾。福冈的个性与气质甚为突出，有着武士般的桀骜不驯。而这种特立独行的精神，最能体现在街头的饮食风景上。

福冈是日本路边摊文化的最后一处桃花源，让人想起过去全日本最知名的食物，比如寿司、荞麦面和串烧，都曾由这种流动型的路边摊贩卖。虽然路边摊在日本大多数地方都已遭到禁止，但在福冈仍是随处可见，集体坐落于河畔或者天神、长滨等都会夜生活中心的某处。路边摊每到傍晚便会现身，待天一亮就消失得无影无踪。这段时间路边摊贩卖的食物可说是包罗万象，有关东煮、烤鸡肉串，甚至还有现调鸡尾酒跟法式烤蜗牛。

上村先生带我前往他最喜欢的路边摊。一连串附有屋顶的摊子紧邻着一座著名的神社，可看到店主头系布条、穿着一身和服来回招呼客人。大多数路边摊就算硬挤也顶多坐八个人，但这家福冈最大、宛如一顶大帐篷的摊位，甚至可以容纳你一整班的高中同学。以路边摊的营业时间来说，现在天色还早，可旁边一群穿西装的年轻人早已沉醉于烧酒之海，并在我们的酒饮抵达时豪放地喊着要干杯。这群人在吃完烤鸡肉串、喝完好几轮酒后结账准备离开，不过显然在天色未明前，还有好几家路边摊在等着他们。上村先生目送他们离去，神情带着明显的伤感与些许留恋。

“福冈的路边摊文化正逐渐失去活力。以前这里有多达三百家摊位，但现在只剩下一百五十家了。”二十年来，路边摊奋力求存，但商店老板谴责他们靠低廉租金取得竞争优势；本地居民对于路边摊顾客的种种不良行径，比方说噪音、烟酒的气味或是随地小便，也是怨声载道。这些客人有不少是游客，而且都喝得酩酊大醉。

我们喝了几轮烧酒，品味了几串直接在炭火上炙烤的干酪，然后轮到拉面登场——小小一碗面里点缀着笋干、海苔和一片薄薄的烤猪肉。上村先生似乎察觉到我失望的神色。

“拉面做得好吃的路边摊没几家。毕竟店家空间有限，所以多半会使用半成品的面条和汤头。加上准备时间不足，不可能比得上面店的水平。再说，因为是给客人用来解酒的，口味也往往比较清淡。不过路边摊还是很令人佩服，不仅历史悠久，而且至今依然吸引很多人来此品尝拉面。”

上村先生对拉面有着异于常人的热情。私底下他会告诉你这面条应该再宽个一厘米，但在网站和杂志的公开评论上，他却总是尽其所能为每碗拉面找出优点。比起批评拉面太小碗或太贵，他会说“当点心吃刚刚好”。至于那些较为油腻粗糙的面，他则表示“最适合热爱浓郁豚骨味的粉丝们”。

这并不说明上村先生的文章流于表面，相反地，他会在文中如百科全书般地详细列举拉面所用的食材与做法，同时在笔调中注入对拉面之道满满的敬意与热情。“不管人生中发生了什么事，拉面总是常伴我左右。”

眼前是在过去八小时内端到我们面前的第五碗拉面。说实话，我已经饱到极限了，上村先生却丝毫没有放慢速度。他看看我，瞧了瞧我面前剩下的少许豚骨汤头和一团细面。“你打算吃完吗？”他这么问，并非想借高明的激将法引我坚持下去，纯粹是不想看到碗里剩下任何东西。同样是吃拉面，我每吃一碗，他都会吃两碗——他这么做，不是为了研究（这些店他基本上早就来过好几次了），也不是为了避免浪费（端上桌的东西除了拉面以外他都视若无睹），更不是因为饥饿（我私下偷偷计算过，光我们同行的这段时间，他自拉面摄取的热量就超过五千卡）。上村先生的这般行为，与他之所以在家喂年幼的儿子喝豚骨高汤，或在每次经过陌生面店时要太太让他下车，都出于同一个原因，即他对拉面无止境的追求与奉献。这份热爱，和你爱吃比萨或是喜欢收看电视剧《黑道家族》（*The Sopranos*）不能相提并论；他对拉面的心意，就像安东尼对埃及艳后的一片痴情。

你可以称呼上村先生为“御宅族”。在日文里，这个词用来形容一个人对某件事物非常着迷且理解极深，多用在动漫迷或电子游戏高手身上。然而就上村先生来说，他和那些自己所敬佩的料理师傅一样，更接近于艺术家。他全心投入拉面写作，内容水准直逼职人等级，而这等心无旁骛，使得其余的事物都不过是他人生中的小小注脚。

上村先生说，自己也许有点爱过头了。每天都吃一碗以上的豚骨拉面势必会对身体健康造成影响，就算是“拉面导师”也不例外。“我这三年来胖了十公斤，恐怕血管里的脂肪比血液还要多了。我的医生也对此感到担心。”

然而比起生理上的折磨，只要想到在某个地方，在福冈乃至九州岛以外的某个角落，还隐藏着一碗鲜为人知、美味未曾得尝的拉面，上村先生这般的拉面痴就会直到三更半夜都睡不好觉。每当我们结束了一天的拉面探险之旅，他的神情总会蒙上一丝忧伤，就好似他本来以为这场寻访会永远持续下去。他向我道晚安的时候，不是张开手掌挥别，而是把两指并拢，做出像筷子一般的手势并靠近嘴唇。

拉面在日本最早的踪迹可追溯到 19 世纪与 20 世纪之交，当时在历经几百年的锁国之后逐渐对外开放的港湾城市，如横滨、函馆、长崎等地，开始有中国移民向工人卖起了汤面，称作“中华荞麦面”。当时提供这种料理的除了街头的推车摊贩，很神奇地竟然还有西洋风的餐馆。原先只是结合了面条和清淡盐味汤底的朴素汤面，却提示了近代日本饮食习惯的转变——对于小麦和肉类的需求日益增加。

不管“二战”前情况如何，1937 年至 1945 年的诸多发展，让拉面有了截然不同的际遇。严格的食物配给使得“中华荞麦面”在战争期间几乎消失无踪。当原子弹爆炸引发的冲击终于逐渐平息，这次轮到大举进驻的美国人重塑日本人的饮食习惯，影响极其深远。

日本因地狭人稠，要如何喂饱众多的国民，一直以来都是一大难题。雪上加霜的是，这个国家深受战火摧残而遍地焦土，同时有大量年轻男子亦因从军而殒命，日本人只得深深仰赖美方的援助来对抗战后的饥馑。在来自美国的补给品中，以小麦和猪油最为重要，而这二者也正是一碗拉面的基本材料。

乔治·索尔特（George Solt）在其出色著作《拉面秘史》（*The Untold History of Ramen*）中指出，上述这两项食材再加上大蒜，正是日本人所谓的“精力料理”的基础。能够填饱肚子的煎饺、御好烧及拉面等食物，在战后的艰难时代带来一线生机。水稻收成因战争而严重受损，以至于美国面粉成了战后复兴的一大支柱，带领日本走向再度产业化。

包括索尔特在内的一部分学者主张，当时日本的主食之所以由稻米转为小麦，其实是由于美国人精心谋划的政治企图，以及日本政府的暗中支持。这般策略也成为美国防堵共产势力在远东扩散的一大武器。当时留下的内部备忘录显示，擘划战后世界格局的三巨头——杜鲁门（Henry Truman）、艾森豪威尔（Dwight Eisenhower）和麦克阿瑟（Douglas MacArthur）便曾巨细靡遗地讨论过美国面粉的运输问题。

世间充满了各种宣传与鼓吹。由生产小麦的财团所印制的一张传单上写着“吃米饭会让你变笨”；民间情报教育局（Civil Information and Education Section）知名的活页广告则画了个健壮的美国人，一

上村敏行正享用着他每年四百碗拉面中的一碗。

手端着涂有奶油的面包，广告上写着："蛋白质是打造强健体魄的基础，而小麦面粉所含的蛋白质比稻米多出百分之五十。美国花了两亿五千万美元为你们调度食物，学着妥善利用，将会带来百分百的好处。"

一堂粗略的营养学课程，以及美国更加粗略的利他主义声明（日本后来被迫向美国偿还因这些食物援助而欠下的债务），当时岌岌可危到只得任人宰割的日本也只能接受。1956 年至 1974 年间，美国对日本的面粉出口量增加了将近三倍。

1958 年 8 月 25 日，经营一间小型制盐公司的华裔日本人安藤百福率先推出第一款速食泡面，这是食品科学工业界的一大里程碑，为新一代繁忙的母亲、饥饿的单身汉，以及走投无路的瘾君子展现了拉面全新形态的同时，也制造了世界上除日本以外的大部分人对拉面的第一印象。崭新天地的大门就此开启，通往不断壮大的速食拉面天国。时至今日，全球每年的泡面消费量已高达将近一千亿包。

到了 1960 年代，摆脱战后动荡的日本迈入快速发展的工业复兴时期，劳动大军便把拉面当成精力补给的来源。在东京、大阪等地的相继重建与扩张之下，小型拉面店亦如雨后春笋般窜起，遍布城市的各个角落，负责填饱那些身处日本空前增长的核心、数量日增的建筑工人们的肚子。经过了三十年，日本以非凡的速度与惊人的规模由国破民穷的国家跃升为世界一大经济强国，在这向前迈进的每一步背后，都有一碗拉面为工业添柴加火。

进入 1980 年代，拉面的社会地位得以提升到全新的层次。它不再只是简单的主食，而是独具学问、引人着迷之物，更是新生代厨师们展现自我的手段。尽管大多数日本料理受到传统与各种潜藏的规矩的钳制，但热爱拉面的人们却对创新与尝试十分欢迎。天天都有新的潮流形成，例如波浪状面条、黑蒜油及混搭汤头。在拉面逐渐得势的热潮中，人们也终究“熬”出了耐心，开始对排队入店的文化习以为常，如今更是俨然已成为一种你情我愿的消遣。

那个年头，每个人都想在拉面行业插进一脚。战后重生的新日本固然经济实力雄厚，却无情地对许多上班族百般压榨，促使心灰意冷的他们用汤锅取代公事包，想借由投身烹饪找回更有成就感的人生（这种现象甚至普遍到因此衍生出专有名词“datsu-sara”，意思是“脱离工薪阶级”）。大批年轻人入行成了厨师，他们头绑白布巾，穿上绣有自家店名的 T 恤，抬头挺胸，充满自信，仿佛在宣告日本自我认同的新一代已经崛起。

河原秀登二十岁的时候，拉面早已从朴素的中国汤面演变为日本固有文化的一大要角，只是尚未迎来巅峰期。他的父亲是拉面师傅，1963 年于福冈开设了一家小店“达摩”，为当地的忠实顾客们供应色沉味醇的豚骨拉面。对年轻厨师或创业家而言，拉面是少数能让他们在料理界中立即展现影响力的门路之一。当河原先生到了可以掌厨的年纪时，他还是一名有竞争力的霹雳舞者，歪戴着帽子，一路跳着机械舞和锁舞，前往日本各地大展身手——当时的他，比起用猪骨熬汤，对街舞的节拍更感兴趣。

然而，他没法一辈子靠着当一名舞者生活。二十八岁时，河原先生放弃了地板动作与飞机转舞步，一脚踏入沸水滚滚的拉面世界。但他并未遵从日本千年来的传统，并没有向自己的父亲学习一脉相承的手艺。“父亲跟我说，不想要我只是模仿他的拉面，而希望我去开创属于自己的味道。”

于是他离开父亲的面店，跑到同一条街上不远处的另一家店锻炼了五年，然后出来自立门户。这家店很快就在福冈发展成为大受欢迎的连锁店，并在 2001 年进军东京浅草。设置分店之际，他身边甚至有一个电视纪录片摄影团队如影随形。“那段日子非常不好受。除了刚好正在跟妻子离婚，还要忙着筹备分店开幕，我真的倍感压力。”到了开业那天，店前人潮涌动，需排队等待三小时才能一尝河原先生的拉面。

如今河原先生已经四十八岁，但还是会刻意把帽子戴歪、胸前挂一条摇晃的金链子，仿佛依然随时能够在地板上做出旋转七百二十度的头转。不过现在的他已是拉面界的权贵，拥有十七间分店，这些分店遍及全球，包括纽约、香港、新加坡及柬埔寨等地。一股来自福冈、包括河原先生在内的庞大连锁势力席卷全球，为下个千年带来风格一新的拉面。

以往的三十年间，日本推广至外国餐饮界的料理主要是寿司。到了 1990 年代中期，寿司餐厅在全世界已极为普遍，从密尔沃基一路到墨尔本，甚至每间超市都能买到辣味金枪鱼寿司卷。于是新的日本风味在此时找到了飘进洛杉矶和纽约的机会——韩裔厨师张大卫于纽约东村设立的“百福”拉面餐吧便是这场拉面竞逐中最早也最具影响力的店家，而 2006 年，现今福冈在日本海外知名度最高的品牌“一风堂”在往西隔几条街的第四大道盛大开幕，使得拉面热潮迎来了最高峰。

如今不论在中西部大卖场或流动餐车，都能见到拉面的踪迹，就连你家性格古怪的艾格尼斯姨妈都滔滔不绝地说着去年春天吃到的日本拉面有多么奇特又好吃。

寿司与拉面各自代表着日本截然不同的面相。前者象征了一个娴静高雅且不失肃穆的国家，其孕育出的风味极为细腻，而经济手腕则更为精巧；后者则展现了日本较为平易近人且国际化的一面，这里始终有着明亮的灯光与豪爽的滋味，由年轻人主导的流行文化脉动也十分活跃。

从拉面如火箭般直上云霄的傲人发展态势，以及随后海外对日本文化印象的改变来看，福冈的影响力可说是远胜日本其他任何一座城市。通过全球拉面连锁三巨头“秀拉面”、“一兰”及“一风堂”，福冈将拉面推广至世界各个角落，让世人知道拉面不只是干燥面条加上脱水佐料包而已。只不过“一兰”和“一风堂”对外供应的无疑是当代正统派的经典豚骨拉面，而“秀拉面”的老板河原秀登则显然对于拉面的可塑性别具信念。

“拉面没有任何限制、规则，完全可以自由发挥。”他说。

我们在位于福冈警固地区的“秀拉面”总店进行一连串对话，此时一个新碗端上了桌，正是自河原先生崭新的拉面哲学下诞生的原型作品。装满木鱼片的咖啡滤网用筷子稳稳架在碗上，他将鸡汤往滤网中一倒，浸湿的木鱼片所释出的精华便随着汤汁滤进碗内，宛如法式高汤般澄澈透明。他在汤里加入米粉和刺芫荽后便把碗朝我推了过来。

相较于“秀拉面”的其余创意面食，这碗面算是出奇地保守了。

我啜饮着汤头，一旁的河原先生则抽出手机放了一段影片给我看。影片中，他把热腾腾的猪颊肉连同冷面堆叠于头颅造型的瓷碗内，再将于鸡尾酒摇瓶中混合好的辣油、虾油、松露油和高汤毫不犹豫地淋在上头。其他创意料理还有香辣茄酱风味拉面搭配意式培根与烤西红柿，鹅肝酱拉面佐以橘子果酱和蓝莓味噌，甚至还有把味噌与洋葱混合后经四十五天熬煮至焦化，再拿来搭配和入竹炭粉的黑色面条。

“重点是在对的地方烹调对的拉面。把这里的做法原封不动地搬到纽约是行不通的。纽约客喜欢少盐、少油，还有无麸质面条，他们可不是好搞定的角色。”

下一秒，河原先生猛地站起身来，说是得赶快离开了，临走前只留下汤头浓度好比工业原料的一碗豚骨拉面（这汤是把猪头放在六十公升铁制大桶中滚煮四十八小时而成），还简单地口述了一下他下周的行程：先前往新加坡，再到金边参加首间柬埔寨分店的开幕，接着赴纽约推出一系列新的干面菜色，然后飞香港物色新分店的场地，最后回到福冈休息三十六小时，之后再次投身这般周而复始的循环。他表示：“这个世界可是在渴求着拉面呢。”

入江瑛起看上去不像一般的豚骨拉面师傅。他走进餐厅时一身闪亮的黑色羽绒夹克，头上顶着太阳眼镜，两手各有一只闪亮的手表。即便穿上店里的制服，他仍旧有一种与这个国家格格不入的气场，立起的黑色领口让人联想起密歇根兄弟会的学生。不过，在日本饮食文化圈里，也许只有拉面界能容忍料理人外形如此招摇，而入江先生对此更是毫不避讳。

我们来到他经营的“玄瑛面剧场”与他见面。这间店的入口处是一扇厚重的木门，而非常见的布帘；传统的吧台格局也换成了剧场式的座位，每个座位皆能让客人清楚观视下方厨房的动静。厨房中央的师傅们在铁锅内煸着大蒜及虾油，发出阵阵嗞嗞响声；左侧的玻璃墙后则有个年轻小伙子负责将黄色面团放进制面机，制作今晚所需的面条。

在进入拉面这一行之前，入江先生原本是个私家侦探。如今谈起这份工作，他只摇了摇头表示不屑。“做侦探一点都不快乐。那时我不管到哪儿都摆着一张臭脸。”就在他过着以探查他人隐私为生的日子的时候，有一天，他前往故乡熊本一间朋友开的店吃拉面。拉面简单纯粹，不过是一碗碗热汤，以及为之感到喜悦的人们，这让他顿时开悟。“我朋友对我说：‘这是世上最有成就感的职业。’”

他抛下探查隐私的生活跑到“天和拉面”，在吧台后工作了五年，学习有关拉面的各种知识。入江先生很快就发觉这里的拉面不合他意的地方——他不喜欢在料理上为了省事而取巧，不想用廉价食材，更不喜欢放味精。最后一项在拉面界至今依然备受争议。在某些店家的厨房里，装味精的罐子总是开着，让师傅能随时在拉面越过吧台前舀几勺到汤碗里，就像加盐或胡椒一样。不过，许多新一代的年轻厨师则是把不仰赖味精的极致风味当成终极目标。

赞成使用味精的人认为它是天然的增味剂，长久以来，代代厨师都毫不避讳地利用这富含鲜味的来源。反对者则主张味精并不安全，会引发剧烈头痛和神经系统异常，而且，味精是否真能完全取代料理

拉面界的新锐化学家入江瑛起与他精心研发出来的豚骨拉面。

人的一身厨艺，这点也令人十分怀疑。不管选择不用味精的理由为何，能确定的一点是，在像福冈这般惯于添加味精的拉面激战地，不添加味精很可能会让餐厅陷入不利境地。要想在逆境中求生存，甚至生意兴隆，就得另外探寻掌控料理风味的手法。

这也正是入江先生所极力追求的。他从学习在自家酿制酱油做起，“几乎所有厨师都是买外面的现成品，但那些酱油都没什么好货。假如我可以酿出独家酱油，就没人能模仿我的配方了。”他花了一年时间研究才掌握诀窍，酿好的成品每公升要价两百美元。但入江先生说，这钱一分一毫都花得值得。“侯布雄想跟我买酱油的秘方，但我拒绝了。”这话中提及的，正是那位在米其林指南中被誉为“当代一流主厨”的法国料理人。“我可不想让侯布雄模仿我的拉面。”

有了无敌的酱油之后，他采取的下一步动作便是调整酱汁的配方，不断尝试组合各种富含鲜味的材料，直到找到最完美的搭配——海带、香菇、鲣鱼、牡蛎、沙丁鱼、青花鱼、干贝，以及干鲍。

“我就像个研究拉面的化学家，”入江先生在谈起他曾经连续三天泡在图书馆研究味觉科学的经历时说，“我能操控、调整任何味道，甚至不用猪骨熬汤也能变出一碗豚骨拉面给你。”

入江先生这一代拉面师傅多半怀有雄心壮志，想将这道抚慰人心的传统美食推升至更高的境界，展现出拉面最细腻精妙的精髓。在听他说完钻研剖析味精所花的那些年月、每公升两百美元的自制酱油和有关酱汁的秘方以后，你肯定也会觉得他店里的拉面定价八百日元，在整个美食天地里称得上万分划算。而或许事实也的确如此。

但我不太确定上村先生是否也吃这一套。毋庸置疑，他很敬佩入江瑛起的才华与追求创新的精神，然而同时，他也是个对纯正的豚骨拉面情有独钟之人。上村先生宁愿花四百日元来碗以猪骨熬汤、用市售酱油调味的拉面，也不会想花双倍价钱品尝去芜存菁的高档货。在他眼里，拉面师傅应该更加接地气，而非由一身洁白的大厨来担任。想必大多数福冈人都会对此表示赞同，毕竟，“元祖”“Shin Shin”这一类提供平价拉面的老店生意至今也还是十分兴隆。

不过很显然，入江先生想吸引的是其他顾客群。一直以来，品尝豚骨拉面的场子里几乎清一色都是男性顾客，但回头看“玄瑛”店内，却有着完全不同的风景，这里有情侣、单身女性，还有全家人，这一点暗示着拉面文化的转变。

“在福冈，想拓展面店生意有两种方法，”上村先生说，“一种是全心全意专注于供应单一口味，另一种则是提供多种选择并时常改换菜单。不过，“秀拉面”和“玄瑛”在推出新菜单的时候，至少还保留了经典口味。而他们也非得这么做才能引来更多样的顾客群。”

入江先生为我端来三碗拉面。一碗有着浓醇高汤和连头大虾，另一碗点缀着香辣肉臊和鲜嫩菠菜，并淋上辣油调味。这两碗面都堪称登峰造极之作，美味超乎想象，不过真正让我回味无穷到不禁喃喃自语的，是他独创的“入江流豚骨拉面”。面条筋斗有嚼劲，叉烧上均匀分布着温热而不腻口的油脂。配料使用了葱白丝、脆口的笋片，以及烤得恰到好处的方形海苔片。这碗面结合了经过长年细心调整的集大成酱汁，以及用一整颗猪头加入姜块熬成的高汤，结果可以说是颠覆了豚骨拉面的法则——汤头明明有着宛如融入成千只猪精华的浓郁香气，却一点也不油腻，让人一吃就停不下来，还想再来一碗，甚至更多碗。

“我毫不怀疑自己的拉面是日本第一。”入江先生说。诚然这句话会引来不少争议，却也自有其道理。

一如世上众多美味料理皆诞生自美妙的偶然，豚骨拉面也不例外。早在1930年代初，久留米市就有店家仿效长崎附近的中国人，以猪骨取代传统熬汤用的鸡骨。据说某天晚上，有一家路边摊的老板不小心把大锅搁在炉子上加热太久，结果高汤变得色浊而浓稠，却富含融化的骨髓精华和浓郁的猪肉滋味。这种无心成就的做法很快在路边摊之间流传开来，没过多久，以猪骨长时间熬煮而成的豚骨汤头就成了九州岛拉面的主流。

在福冈市往南二十五英里的久留米车站立有一座铜像，惟妙惟肖地重现了诞生豚骨拉面的这个路边摊的样貌，提醒着来往行人这道日本最闻名的料理源自何处。上村先生带我到铜像旁，向拉面历史致上一分敬意，却也毫不留情地批评久留米拉面的现状。他说，这里的人相互敌视，掺杂了派别与名位之争的浓稠汤头因而更显混浊不堪。明明是豚骨拉面的发祥地，这里的创始老店却连一碗像样的拉面都煮不出来了（这也是为什么我们跑到铜像这里来朝圣，却没去仍在营业的那家老路边摊吃面的原因）。

然而，这一趟不仅是来膜拜史迹的。久留米还是有几家上村先生很欣赏的拉面店的。我们的第一站是“来福轩”，这家小店位于车站旁，在相隔不远的店家发明豚骨拉面后随即跟进，直至今日。吉野亮是这里的第二代老板，也是“久留米豚骨拉面协会”的现任会长。他脸型饱满，双颊红润，额头还紧紧绑着一条黑巾，自诩为历史悠久的正统豚骨拉面风味的守护者。

“听到拉面流传到纽约和欧洲这些地方，我觉得很荣幸，”他说，“但是久留米的人就是钟爱这里的拉面。如今世界各地的人所熟知的豚骨拉面并不是从源头流传下来的味道。我们只想好好把久留米拉面的精髓继续传承下去。”

吉野先生的拉面走中庸之道：汤头不浓不淡、色泽金黄，使用了猪的各种部位，加入汲取自附近筑后川的水熬煮超过二十四小时。这碗面风味鲜明，咽下时一路滋润着喉咙，却又不像多数浓郁的拉面那样常会带来好似堵住胸腔的油腻感。

但是，真正让我期待不已的是接下来的第二站。一整个星期下来，上村先生总不断念叨着久留米的双向高速公路上有一处二十四小时营业的拉面圣地，说是很多卡车司机都会前往一尝地道的拉面滋味。以一家拉面店来说，这里算是占地广大，足够同时容纳好几辆卡车与它们的司机。下午三点左右，形形色色的流浪者与过路人就会来到店里坐下，大啖一碗拉面。高汤就在靠近门口处，在一口厚重大锅内猛烈地翻滚着，从边缘不断迸出水珠，锅内的油脂与蒸气一同笼罩了整个厨房，恍如瀑布落下时形成的渺渺水雾。

虽然一般很少有人能够大胆地站出来说拉面有益健康，但如果让豚骨拉面爱好者来说，他们会说猪骨中的胶原蛋白有助于皮肤的保养。

丸星拉面店里的这锅汤从 1958 年一路滚煮至今。

“瞧瞧店员的脸！”上村先生说，“都年近七十了，却看不到任何细纹。这都是胶原蛋白的功劳啊！有豚骨拉面的地方，皱纹就变得很少见了。”

他说得没错。我看向那名头绑褪色紫巾的女士：即便面色暗沉、眼眶已然凹陷，整张脸看上去却像不超过五十岁。她搅拌着硕大金属锅里的高汤，我于是询问她这锅汤已经熬了多久。

“快六十年了。”她淡淡地说。

她这话并非夸夸其谈——至少不完全是。久留米的人们对待豚骨拉面，就好比法国乡间的面包师傅对待面团酵头一般。他们不断添加新料，让高汤重获生气，同时始终保有汤头最初的成分。取出旧的猪骨、放进新的，但基底却从未改变，成为孕育一碗碗拉面的母亲。

“丸星拉面”开业于1958年，过去的种种岁月，都浓缩在这碗朴素的拉面里。这里没有花哨的酱汁，没有混搭汤底，也没有独门秘方或出人意料的配料，有的就只是单纯的猪骨与面条，以及历经三个世代不曾停歇的熬煮。

这家店的拉面有着最纯粹的猪骨风味，乳白色汤汁没有添加任何佐料来减损猪骨精华的纯正。来此之前，上村先生面对拉面都是有条不紊，不会轻易动摇，就如一位图书馆馆员在为书籍分类时一样一板一眼。然而就在啜饮了一口“丸星”的面汤后，他就像变了个人，眼中光芒闪动，兴奋地抖动着双肩，孩子气地咧嘴而笑：“怎么样？你觉得味道如何？”

对上村先生而言，拉面不仅事关味觉上的冲击，更关乎心灵的震荡。他敬佩河原秀登与入江瑛起这一类职人，可他们经过精密计算制成的成品，却没法如一碗最纯朴的原味猪骨高汤那般打动他。要提炼出汤头的个中精髓需要长久的时间，有些人说，得花上好几小时。但像上村先生这样的人则会说，得拼上一辈子。

老板一看见上村先生，便立刻递上两个装有咖啡的纸杯，让我们边喝咖啡边享用这不可思议的汤头。上村先生提到，这阵子他主要都在评论速食拉面，绑着紫色头巾的女士听了之后便搬来一个纸板箱，里头装着十六包丸星的外带速食面。然而上村先生关注的却不是老板，也不是速食包或热腾腾的咖啡。没错，他的注意力都在我身上。他先是与我四目相对，再看向我没吃完的面，然后又再次盯着我瞧。我很清楚他在打什么主意，而对在这五天来已经吃下二十八碗拉面的我来说，自然是万分乐意把剩下的面让给他。不过，他总得先开口才行。

“你还打算吃完那碗吗？”

五花八门

拉面大百科

THE RAMEN MATRIX

日本这块土地上有着无以计数的拉面，它堪称是这个国家最个性化、最变化多端的美食，不仅有超过二十万家的店铺，各地独有的传统口味和创新风味更是纵横交错。除了那些较为特别的创意品种，整个复杂的拉面体系大致上可以分成二十二种公认的地方主流口味。接着就来介绍其中一部分日本最负盛名的地方拉面。

函馆：盐味拉面

函馆是日本最早对外开放的港口城市之一，拉面历史非常悠久。盐味拉面的汤头有如法式清汤般清淡澄澈，也最接近原始中国拉面的风味。

好店推荐：惠比寿轩（函馆）、阿夫利（东京）

02

札幌：味噌拉面

在日本各地的拉面中口味最浓厚，这也是为了让北海道居民能够获得足够热量以撑过严酷的寒冬。红味噌、在锅里翻炒过的叉烧，还有蔬菜，是这碗面的精华。也可添加北海道的两大名产，即奶油与玉米，更添滋味。

好店推荐：彩未面屋（札幌）、味噌面处·花道（东京）

博多：豚骨拉面

地方拉面中的王者，汤头主要靠猪骨制成，最长可熬煮达四十八小时，因富含胶原蛋白和骨髓精华而呈乳白色，通常搭配细直面。

好店推荐：玄瑛面剧场（福冈、东京）

鹿儿岛：混搭拉面

鹿儿岛的拉面师傅会以豚骨汤头为基底，再加入鸡骨与蔬菜，调制出滋味较博多风更为清淡的汤头。面条多为宽扁面且口感柔软。叉烧使用本地黑猪肉制成，可说是日本第一。

好店推荐：小金太拉面、豚颈肉

05

东京：酱油拉面

汤头主要是鸡骨高汤搭配大量酱油，有时还会加入小鱼干一同熬制。面条一般是黄色卷面，配料则有笋干、海苔，以及溏心蛋。和豚骨拉面并列为日本拉面最常见的两种口味。

好店推荐：煮干鰛拉面·圆、大胜轩

东京：蘸面

常温粗面条拌入温热的猪油，另外搭配叉烧及浓醇的高汤作为蘸酱。近十年来备受瞩目的拉面潮流之一，非常适合在炎炎夏日的午后食用。

好店推荐：六厘

旭川：海陆拉面

融合了来自日本南北两端的精华。当九州岛的豚骨与北海道旭川北侧的一流海产彼此相遇，富有层次的海陆汤头便诞生了。

好店推荐：山头大拉面（全日本皆有连锁店）

梦幻的自动贩卖机

日本随处可见的贩卖机军团。
我们从中精选了几样最中意的商品。

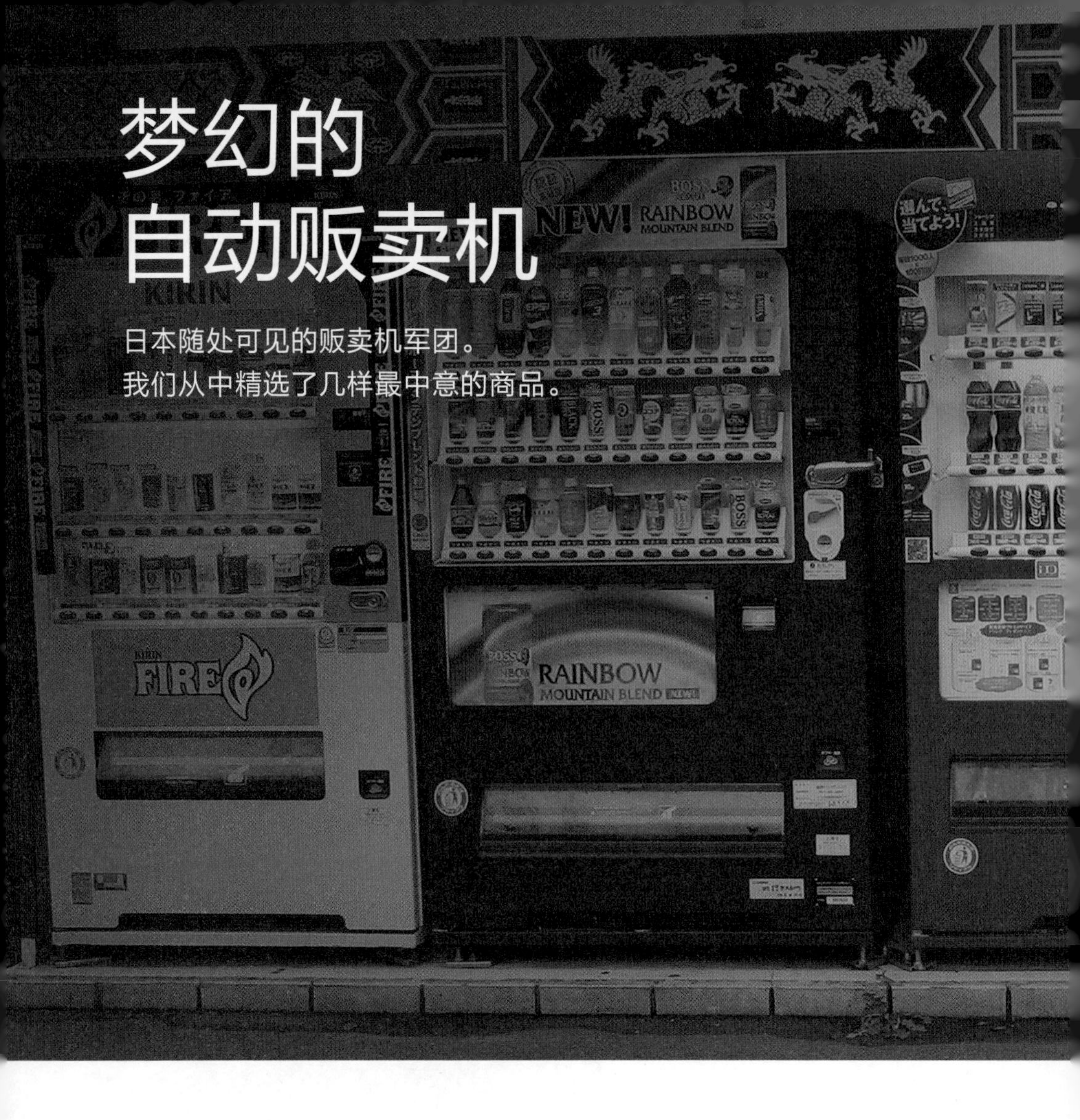

BOSS 咖啡

自动贩卖机的咖啡通常甜得要命，不过这款 BOSS 黑咖啡所含的大量咖啡因保证能让你精神大振，而且不至于被多余的糖分搞得更加疲惫。贩卖机的按钮若是红色则表示热饮，蓝色则代表冷饮。

宝矿力水特

比产品名更吸引人的便是那股电解质饮料独有的咸甜滋味。非常适合整晚喝多了烧酒调酒和惠比寿啤酒后的隔天早上饮用。

烧酒调酒

相当于威士忌苏打，只是把威士忌换成烧酎，酒精成分是多数啤酒的两倍。唱卡拉 OK 前最适合用来开嗓。

惠比寿啤酒

名气较小，但却是日本主要啤酒品牌中最棒的，充满了麦芽的香气，且入口顺滑。如果在一片贩卖机原野中发现这只珍兽，就赶紧掏出零钱捕获它吧。

勇者无惧！

克服日本文化当中最艰巨的挑战

纳豆

纳豆又软又黏，还带着发酵后的刺鼻味道，可以说是西方人绝对不会想碰的食物。然而几乎日本各地的早餐都会提供这道料理。它是由黄豆经过浸泡、蒸煮、发酵而制成，散发出强烈的气味（纳豆也常被拿来测试外国人是否懂得品味真正的日本食物）。这该如何迎击？总之，先加入呛辣芥末和以酱油为基底的酱汁，然后就只管闭上眼睛，想想英国食物可能更糟，来让心里好过一点。

和果子

日本糕点大致分成两类，走欧美风格的糕点称为“洋果子”（全日本任何一家店卖的都很好吃），日式传统点心则统称“和果子”。你若是吃不惯糯米、红豆，且不喜欢黏牙的口感，可能就难以体会和果子的魅力。享受和果子的诀窍便是试着体会个中细腻的滋味。不过分张扬的甜度，更凸显出丰富扎实的风味。

传统旅馆

当老板在星期日早上七点把每位客人叫起来吃早饭的时候，你也许会开始后悔住进了传统日式旅馆。但其实这没什么好哀叹的，在一家传统旅馆住上几天，是领会日本文化精髓最快捷的方式，一次就能完整体验打地铺、穿浴衣、享用满桌丰盛的早餐与泡热水澡。

温泉

要你脱光光走进公共浴池泡澡，听起来或许一点都无法让人放松。不过，随着缓缓将身子浸入有益身心健康的温泉里，所有烦恼也会渐渐跟着蒸气一同散去。记得依循以下的准备步骤：一开始，请脱去全身衣物，不管是浴衣还是贴身衣裤都不例外。如果身上有刺青的话请遮住（店员有时会禁止有刺青的人进入温泉，因为刺青常会让人联想到黑道）。把全身从头到脚洗刷干净之后，就可以尽情享受泡汤之乐了。

第五章 广岛

一切都从硬质的塑料制品敲击灼热的金属表面的响亮声音开始。塑料勺子在铁板上投下一瓢淡黄色的面糊，勺背再将这加入了蛋、面粉、水与牛奶的混合物于银色面板上画着圆圈铺展开来，一片薄饼于是渐渐成形。

随之登场的卷心菜已经切成适度的细丝，蓬松地在面皮上叠了六英寸高，让热空气得以自由流通，于是没过多久，一座蔬菜大山便缩成小鼹丘。一连串滋味口感各异的配料接二连三被穿戴在卷心菜丝上头——色白如象牙的豆芽、金黄的天妇罗面包糠、少许盐巴和用来增添鲜味的木鱼粉；最后铺上三片猪五花肉，使适量的油脂恰好能包覆住卷心菜丝，再淋上少许面糊，让所有材料可以相互结合。只见师傅拿起两把铁铲，轻轻转动着手腕将整叠食材翻面，猪油遇上铁板后立刻熔化，在薄饼的覆盖下，热腾腾的蒸汽使卷心菜丝逐渐软化皱缩。

接下来才是动真格的了。刚烫好、还滴着热水的炒面面条一碰到灼热的铁板表面，就像院子里的水管一样抖动窜腾。吸收了热度的面条逐渐变得酥脆，形似一团鸟巢，正好可以盖住卷心菜丝与薄饼。面条旁，一颗有橙色双蛋黄的蛋嗞嗞作响，等候着登上这壮观高塔顶端的那一刻。

于是所有食材合为一体：底下有薄饼和卷心菜丝，豆芽与猪五花居中，顶部则是面条跟煎蛋。这样一个层层堆栈碳水化合物、爽口蔬菜、蛋白质的、嚼劲十足的垂直构造，最后靠着浓稠的伍斯特沙司与来回飞洒的蛋黄酱在黑白交错间完美定型。

这便是“御好烧”，广岛第二出名的东西。

你大概无法想象，说起广岛最出色的御好烧师傅，费尔南多·洛佩斯（Fernando Lopez）竟然会是有力人选之一。他出生于1963年的危地马拉市。父亲当时在政府卫生局工作，为了对抗1960年代在中美洲肆虐的疟疾，常常得到处喷洒DDT，走着走着也就不时睡上许多其他女人的床。“他不算是个好人。”洛佩斯说。

洛佩斯的父亲有玛雅血统，黝黑的皮肤与黑发十分相称；母亲则皮肤白皙，有一头鬈发跟甜美的笑容。小费尔南多天生浅色皮肤、蓝色眼睛与天然鬈，让他父亲拒绝相信孩子是自己的骨肉，因此，他从小便和四位哥哥及两位姐姐不同，多半时间都是交由祖母来抚养。

即便父亲终究还是认了这个儿子，两人的关系却依然没有改善。

刚开始制作御好烧的费尔南多·洛佩斯。

洛佩斯十五岁的时候下定决心要挺身反抗这名几乎与陌生人无异的父亲。父亲不仅对母亲施暴，长年虐待她，还四处拈花惹草，这种行径已经让洛佩斯忍无可忍。最后，他的父亲离家出走，一去不回，只留下自力更生的少年孤身承受身边对于他赶走一家之主的谴责与抨击。

洛佩斯撑了过来，以辛勤工作来克服阻挡在他面前的一道又一道人生难关。在大学读了一年会计之后，洛佩斯得以为危地马拉市一间很受欢迎的意大利餐厅管理账务。没过多久，他发现餐厅经理不只为了逃税而瞒报获利，还涉及其他不法活动。无意中获知这般机密情报一度让他烦躁不安，不知该如何是好。然而当有一天他的一位同事被发现横死在沟渠中，洛佩斯立刻恍然大悟：该是他离开危地马拉的时候了，而且越快越好。

靠着一位长年住在美国的舅舅资助，他办好签证前往新奥尔良，原本只打算待三个月学习英文，后来却改在意大利餐厅当了服务生。餐厅主厨脾气很大，某天把全厨房的职员都气走了，只好急忙雇用洛佩斯来帮忙，不料这来自危地马拉的小伙子根本对料理一窍不通。“主厨每隔十五分钟就开除我一次。当时真是一团糟。”

没过多久，洛佩斯到费尔蒙酒店（Fairmont Hotel）当洗碗工，在那里结识了安德烈·勒杜（Andre LeDoux）。这位行遍四海的饭店主厨日后成了指导洛佩斯厨艺的第一位老师。两人师徒情谊深厚，老师不仅让洛佩斯当上一名厨师，也将他塑造成一名男子汉。勒杜与洛佩斯谈妥条件：自己会传授他料理的绝活，洛佩斯则以教他西班牙语作为交换。当勒杜成了位于法语区的阿诺餐厅（Arnaud's）的主厨时，他带上了洛佩斯，一场获益良多的学习之旅自此揭开序幕。“刚开始你就像个奴隶，谁都可以随心所欲使唤你、践踏你，然而在这个过程中，人就会学到不少本事。”他不停变换岗位，逐步掌握法国克里奥尔人*的经典技法，比方如何剥、烤牡蛎，调制炖菜用的面糊，或是以蒜香黄油嫩煎田鸡腿。“我们只有十二个人，一晚上要负责喂饱将近六百位顾客。很多人都因为压力太大而辞职，但我却很喜欢这份工作。”

后来，勒杜离开阿诺餐厅，前往美国火奴鲁鲁的喜来登冲浪者酒店（Sheraton Surfrider）掌厨，洛佩斯也随着他横越了太平洋。那时，喜来登的厨房人员正在罢工，而这时候入职的洛佩斯简直是众人的眼中钉，于是他每天只好躲进小货车，然后偷偷摸摸溜进厨房。他没日没夜地连续工作了长达四十三天，等罢工终止后，却沦落到在厨房失去了立足之地，只得转而在某家饭店当起泊车员。有天晚上，一名年轻的日本女子开着掉漆的破旧丰田卡罗拉来到停车场，洛佩斯的人生自此迎来了转折点。“这么一辆老旧的车没人想帮她停，就怕拿不到小费。”洛佩斯确实没拿到小费，却得到了一次约会。

Makiko Yonezawa 出生于广岛，家里经营了一间传统日式旅馆。她六年前来到夏威夷，就是为了钻研有关饭店产业的知识。两人一拍即合，可惜时机并不好——Makiko 在他们才开始交往几个月后便回到了日本，协助打理家族事业。随后洛佩斯在并未事先告知的情况下来了个惊喜拜访，但青涩恋情催生的这一贸然举动却没能博得女方父母的

* French Creole，美国路易斯安那州法国移民的后裔。——译者注

好感。他们不想让自己的女儿与外国人交往，不过，做父亲的还是在洛佩斯告辞准备返回夏威夷前将他拉到旁边，告诉他，这段恋情若能维持一年，他们就愿意重新认真考虑两人的婚事。

洛佩斯与 Makiko 于 1992 年结婚，在夏威夷办了一场小小的民俗婚典。他们一边搭乘美国国铁环游美国度蜜月，一边寻觅着能让两人共度人生的安居之所。他们先后看中了芝加哥、丹佛、西雅图，但寒冷多雨的气候终究教人却步。在凤凰城，他们深深迷上西南部料理的呛辣滋味，盘算着回到夏威夷一起经营美墨餐厅（Tex-Mex）。然而事情并不像计划的那样顺利，火奴鲁鲁房价惊人，两人也不符合当地申请开业基金贷款的资格。1995 年，美国梦前景一片黯淡之下，洛佩斯与他妻子决定回到日本南端，将开设美国西南菜餐厅的梦想寄托于广岛的核心地带。

市区的人告诉我，找一个巨大的木结构的蛋型建筑就对了。“记得哦，巨大的木蛋！”他们边说边提高音量，还比手画脚地试着描绘形状给我看。这座棕色的椭圆形八层楼建筑，可以让我一探广岛最受重视的食物中所隐含的奥秘。

这栋建筑物正是广岛最著名的酱料制造商“御多福”的总公司，同时也是广岛御好烧的教学展览馆。也许是因为拱形的木条加上开放式的外观与若隐若现的内部构造，这栋木建筑看上去没那么像鸡蛋，反倒更像作为纪念碑的原爆圆顶馆——以生产御好烧浓稠甜酱而知名的“御多福”的全球总部，却有着与纪念碑相似的建筑物，这正与历史的悲剧相呼应。

然而这其实是有意为之的。御多福将自家产品与这片诞生出酱料的土地紧密联结，也与那场骇人的惨剧密切相系。原子弹爆炸将旧广岛毁坏殆尽，却也重塑了日后一切的发展之路。御好烧，正是在那悲剧事件的余波下逐渐成形。

20 世纪初期，“一钱洋食”这种给孩童们在放学后买来品尝的廉价零食开始广受欢迎。当时是将洋葱和豆芽卷在薄饼里，多半都在糖果店销售。“二战”刚结束的那段日子，原子弹爆炸幸存者努力与饥荒对抗，而原为小孩零食的“一钱洋食”便成了广岛复兴的重要一环。

原子弹在顷刻间将广岛市中心夷为平地，也等于将广岛的餐厅文化抹杀殆尽。人们只能将就着用手边现有材料，用零碎的金属板和残存的建筑遗骸在街头搭起铁板，再利用从造船厂拿来的煤炭放在铁板下方燃烧，然后将所有能放在一起加热的食材全堆上去：几片卷心菜和少许其他菜，幸运的话或许还能加颗蛋或一点碎肉来补充蛋白质。在美军带着成堆的小麦进入日本后，广岛的厨师便学着在料理时用面粉和水结合食材来变花样。

根据御多福的馆内介绍，原子弹爆炸后几年，世局逐渐回稳，人们慢慢走出绝望，御好烧应运而生。位于展览馆主楼层的第一站便重现了 1950 年代御好烧店的外貌。众多早期的御好烧店面与住家相连，或许在白天兼作小型便利店销售口香糖和香烟。这类临时店面最重要的意义，就是让战争寡妇有办法挣钱糊口。馆内重新还原的店面空间除了摆着食物样品，也充满怀旧色彩：金属小铲、播放旧新闻的黑白电视，以及写着“御好烧加蛋十五日元，不加蛋十日元”的广告牌。

随着日本走出战后大萧条，御好烧也成为广岛新兴餐厅文化的基石。而随着食谱中不断添加面条、蛋白质和鱼粉等新元素，御好烧在食材的运用上变得越来越灵活。即便过了半个世纪，人们依旧不太确定该如何定义御好烧。就字面来看，“御好”是“随心所好”，“烧”就是“煎烤”，但合起来的意思却仍旧有些抽象，因此也免不了让不少作家、厨师或御好烧权威对它的定义各执一词，有的说它是卷心菜薄饼，有的叫它咸味煎饼或者煎蛋卷。旅游手册则替它冠上了一个意义不明的名称——“日式比萨”，即便御好烧不管外观还是口味都跟比萨天差地别。就连御多福，在这方面也没帮上什么忙，他们同样把御好烧跟土耳其比萨（pide）、印度飞饼或墨西哥卷饼相提并论。

御好烧大致上分成两种：夹入一层面条跟大量卷心菜的广岛御好烧，以及以鸡蛋、面粉、高汤和富有黏性的山药泥为基底的大阪御好烧（或称“关西风御好烧”）。然而两者之间最大的差别不在于食材，而是构造：广岛御好烧的材料会依序先后堆栈，形成五至六层的层次；大阪烧则是在煎之前就把所有食材先混合好了。后者由于做法简单，很多餐厅会让客人在座位的铁板上自行制作。反观广岛烧，做法却十分复杂，就算是一辈子投身此道的厨师也无法随时精确掌握。（有些人也会把在东京月岛盛行的“文字烧”列入御好烧家族。即使非要说这种加了肉和蔬菜的稀面糊和御好烧有关系，多半也只能算是远房表亲而已。）

在御多福总部，有一整面墙展示着自家各式各样的浓甜御好烧酱料商品。

御多福于1938年以酿造米醋起家。原先设立于广岛横川车站附近的工厂因为原子弹爆炸而焚毁，第二年立即重新振作，继续酿造米醋。1950年，御多福开始生产伍斯特沙司，可是当地厨师抱怨酱料太辣、太稀，没办法附着于御好烧表面。眼看御好烧在当时已日渐成为广岛人摄取营养的主要来源，御多福于是利用水果来提升酱料的稠度与甜度。起初选用了橘子和桃子，后来则改用中东椰枣。同时包装也加上了经典的商标——双颊圆润的女性图案，象征着日本女性自古以来的六种传统美德，如小鼻代表谦逊，大耳表示善听，宽额代表睿智。

如今御多福是广岛庞大的御好烧产业的主要幕后推手。而身负如此重任，该公司也同样花费了不少时间与心力来确保整个城市充满成功的御好烧店家，借以维持下游商家对自家产品的高度需求。这代表着他们要促成店老板和卷心菜或猪肉商家的良好合作关系，好让铁板能不停嗞嗞作响地持续供应餐点；也代表着教导那些有心创业之人有关餐厅运营的管理模式，以及训练出新一代御好烧师傅——不论是不满现状的上班族，还是满怀抱负的业余料理人，甚至是误打误撞的危地马拉移民，都有可能。

洛佩斯和太太决心要让广岛民众一尝来自凤凰城、圣菲和埃尔帕索的风味。不过有一个问题，那就是这里谁都没听说过美国西南菜。

本地建筑商听了洛佩斯的方案，直截了当地跟他说："我不投资会倒的餐厅。"

夫妻俩绞尽脑汁，比萨店、小酒馆、三明治店……怎么想都觉得不对。就如同每当一般广岛人谈起食物的话题时一定会导向御好烧一样，最后朋友和家人开始问他们："你们怎么不开间御好烧店？"

为什么不开御好烧店？且让我们来思考一下原因：因为洛佩斯的出生地离日本有七千英里远，而且是地球上最艰苦的城市之一；因为他长得不像日本人，也不会说日语或烹煮日本料理；因为御好烧不只是卷心菜、面条与五花肉的叠叠乐，而是广岛的灵魂料理，代表着一层层历史与文化的累积，让洛佩斯无法自以为是其中的一分子，这里的人能接受意大利人煮通心粉、法国人烘焙长棍面包，却绝对无法接受一个危地马拉人制作御好烧。

然而身旁的亲友都坚持认为这是个好主意，他们说："一来不用担心有人没听过御好烧，二来大家都很爱吃！"即便他们还是没搞清楚墨西哥铁板烧（fajita）和御好烧哪个是哪个。而洛佩斯既然没别的像样的选择，只好答应参加御多福举办的创业工作坊。三天后回到家，他脑子里已经装满了货品清单和运用铁板的技巧，也有了十足信心来经营一家御好烧店。

虽然御多福提供了营业架构，但洛佩斯仍得学习怎样制作御好烧，于是他到处寻找能够收他为徒的地方。经人辗转介绍，他认识了一名在"八昌"工作的人。八昌是广岛最好的御好烧餐厅之一，每晚都有一长串饥饿的本地人和一手握着导览手册的游客排成长龙，蜿蜒于广岛霓虹闪烁的娱乐地带——药研堀。洛佩斯于是成了这里的学徒。

从各方面来说，学徒制仍是日本料理文化的重要命脉。这一悠久的传统超越了短期见习和餐饮学校，是培育厨艺人才的原动力。不难想见，拜师学艺讲究的是对技艺的深度钻研、不同形态的料理之间的规矩和对所学该有的期望。一位认真的天妇罗学徒深知自己必须花个五年学习滤油、搅拌面糊，并不断在师父身后观察，直到获得认可才能实际上手油炸。在寿司界，学徒也许得先洗一年的碗，再来个几年清扫和煮米，最后花上十年静静细察师父如何切鱼摆盘，之后方有可能出师。我在松元某家日式炸鸡店遇到过一位五十五岁的男性，他在父亲手下已经学了二十七年之久。即便儿子学艺已将近三十年，做父亲的仍不让他动手炸鸡。

和这些标准相比，御好烧的学徒制相对宽松。洛佩斯在“八昌”工作仅三个月，很快就精通了煎出这种广岛最重要的主食所需的数十个步骤。“我曾经是职业厨师，这是店里大多数学徒没有的优势。也因此，我学得很快。”

在这九十天期间，八昌的老板小川弘喜将毕生积累的诀窍和关键技巧传授给洛佩斯。他学到，五月跟十月的豆芽菜其实不尽相同，制作御好烧时该用现点现煮的新鲜面条，美味度远胜于使用预先煮好的面或是市售袋装面条。同时，洛佩斯也体会到，因为每一份御好烧都有各自的特性，细腻独到正是身为御好烧师傅所必备的条件。

待洛佩斯将满腹的御好烧学问全部消化，小川先生不只是拍了拍他的背预祝好运，而且成了确保洛佩斯创业初期能顺利独当一面的灵魂人物。小川先生帮忙规划餐厅格局，正如他数年前亲自为八昌设计时一样。他坚持铁板一定要用三厘米厚的，而炉火一定得交错重叠，这样才能维持住适当的火候。同时，他还为洛佩斯介绍所有合适的供货商，其中也包括提供双黄蛋的蛋商，八昌的常客都非常喜爱这种蛋的滋味。

凡有新的御好烧餐厅在广岛开幕，店门口都会装点富丽的花束——这是师父祝福弟子能赢得新客青睐而赠送的礼物。一方面是表示敬意，另一方面也能展现新店老板的真挚努力（同时也是师父给弟子的一个不露痕迹的严正提醒：屁股夹紧了，别给师父丢脸！）。2000 年春天，“洛佩斯御好烧”开张，小川先生送了价值两百美元、附有八昌商标的精美花束，还用金属架立在店门口向所有人展示。

然而，一开始的成绩并不亮眼。首先，御好烧店在市内随处可见，整个广岛就有将近两千多家，想要脱颖而出绝非易事；其次，洛佩斯的店面位处横川町的寂静弄巷，洛佩斯太太的娘家以前便是在这里经营传统旅馆。这一带属于蓝领小区，以小型的家常餐厅为主流，而洛佩斯看上去就不像本地人熟悉的招牌厨师。“客人会坐在位子上瞪大眼睛看着我，想弄清楚帮他们做御好烧的到底是何方神圣。”

一亿两千六百万的日本人口中，外来移民只占不到百分之二，这个国家堪称世界上人口同质性最高的国家之一。刊登在《经济学文献期刊》（*Journal of Economic Literature*）的一份 2012 年的研究文章将日本的族群多样性评为世界倒数第三，只胜过韩国与朝鲜。这些为数甚少的移民中有一大半是世代定居于此的中国人和韩国人，这也意味着以日本为家的西方人更是少之又少。究其原因，部分可归于日本在历史上展露的排外情结，包括德川幕府的锁国，以及明治时期强迫北海道阿伊努人同化的政策。如今日本移民法仍以条件严苛闻名世界，同时保守的政治领袖对自身民族的优越地位依然深信不疑，这些因素全都无助于这个国家走向更为多元化的社会。

日本人对待外国访客的确十分友好热情，却很少对外来移民展现如此热忱好客的一面。即使你成功入境、适应了当地文化、记下上千个汉字，甚至放弃了出生地国籍，还由衷地觉得自己已经跟腌鱼或电马桶盖一样"日本"，在这里也终究还是个外人。

而来自危地马拉，意味着你比大多数外来移民还要"外"。据最新统计，久居日本的危地马拉人仅有一百四十五名。"很多人会把危地马拉跟咖啡产地联系起来，说'喔，你是从那个咖啡产地来的！'，"洛佩斯接着说，"日本人完全忘了有中美洲这地方，还以为墨西哥和南美洲连在一起。"

洛佩斯夫妇很清楚自己在逆势而行，情形并不乐观。他们努力打入小区，连小川先生都为了向周围人宣传"洛佩斯御好烧"而特别制作了小卡片在横川町四处发放。先前曾在夜校学习日文的洛佩斯，此时已经逐渐掌握了日本人际沟通方面的基础会话，因此小川先生也教导他乘胜追击，一边提供御好烧试吃，一边寻求潜在顾客的意见回馈。

"很多人都说我能做得更好，"洛佩斯说，"我的意思是，如果你询问他们的意见，他们都会告诉你该怎么改进。"

创业之初，两人肩并肩在铁板前料理。当时洛佩斯太太虽然已怀有第一个孩子，但毕竟也在厨房锻炼过，事实也证明她是个很有才华的御好烧料理人。再说，她在这一带土生土长，即使只是在吧台后面站着，就能让洛佩斯的店赢得不少本地人的信任。

洛佩斯和太太充满活力的样貌与积极推广自家御好烧的努力，慢慢获得了附近居民的青睐。不过，最大的突破却来自最意想不到的地方：危地马拉。某天下午，一位客人进店时，洛佩斯正在制作用来搭配员工餐点的莎莎酱。客人看见成堆切好的墨西哥辣椒，便要洛佩斯加一些到御好烧里。洛佩斯试着劝阻，告诉他墨西哥辣椒不仅很辣，和御好烧也不搭，但客人十分坚持。没想到他吃了之后相当中意，此后好几个礼拜天天都来光顾，每次都提出同样的要求，一直到有一天另一位客人也看到了这菜单上没有的选项，有样学样。于是没过多久，辛辣配料就成了店里的明星产品，让洛佩斯不得不加进固定菜单中。

直到今天，墨西哥辣椒御好烧仍是“洛佩斯御好烧”人气最高的品种，这让店主洛佩斯十分苦恼。

“墨西哥辣椒和御好烧根本搭不上线啊。”

我待在广岛期间吃了不少御好烧，言下之意便是，我光靠吃御好烧就能撑好几天。不论是弄巷里的无名小店、窗户因芬芳热气而起雾的排队名店，还是四层楼高的“御好村”，我都吃过。“御好村”集结了二十六个御好烧摊位，师傅们为将卷心菜的群山化为丘陵而各显神通。我在广岛的时候常听人说，御好村是全日本最受欢迎的食物主题乐园。我中午和上班族一起享用，到了午夜和皮条客一起品尝。有加了猪肉跟牛肉的，加了虾子跟扇贝的，还有配上牡蛎和乌贼的，配料应有尽有。

纯从料理的角度来说，我学到一个重点：制作广岛御好烧的时候

广岛市区连同近郊坐落着超过两千家御好烧店。

如果偷工减料，那就和用来下酒的普通日式炒面没有区别，只不过不是把面炒匀而是叠出层次罢了。

反过来说，若花心思以巧手制作，结合精选食材与天赋技艺，倾注发自内心的热情，便能成就最完美的合体，令大阪烧根本望尘莫及。御好烧不论在滋味、构成或是外形上都一点也不具备日本的要素，但这或许反倒说明了御好烧为何如此受欢迎的原因：在吃完早餐的纳豆、午餐的烤青花鱼和白饭之后，再没有什么能比大啖饱含一千五百卡热量、宛如奏响命运乐章的御好烧更能唤醒人们享受饮食的最纯粹乐趣（难怪这道料理往往可以立即赢得西方游客的心和胃）。

星期五的午餐时间是“洛佩斯御好烧”一周中最忙碌的时段，周末前的最后一波上班族会在这时候涌入。我已经持续观察洛佩斯做御好烧一整个礼拜，其间偶尔也会拿起铁铲在他的铁板上胡乱来几下。但眼下店里即将迎来尖峰时段，可就不是我这外国人该胡闹的时候了。我在吧台尾端找了一张椅子坐下，静观这场盛宴揭开序幕。

最先入店的是两名身穿研究室白袍的女药剂师，接着是两名年纪稍长的上班族，身穿整齐洁净的西装，一手还提着锃亮的公文包；随后则是一位母亲带着她年幼的儿子。到了十一点二十分，店里已经客满，铁板上充满嗞嗞作响的五花肉和卷心菜。

即便以御好烧店的标准来看，这里的空间也不算大。狭窄的备料厨房，十六个座位的吧台，差不多与店同宽的“U”字形铁板料理台。单看外观，很难分辨洛佩斯想象中的美国西南菜餐厅和现实里的“洛佩斯御好烧”有何差别。座椅椅套印着南美斗篷的花样，店面招牌也十分醒目，充斥着红黄绿三色。菜单内也罗列了洛佩斯长久以来的梦想，如危地马拉炖牛舌和墨西哥烤鸡肉，它们被放进红色或绿色的陶锅中置于铁板边缘加热。

显然，如今局面已和当初得在邻里间赠送免费试吃品吸引顾客的日子有所不同。站在铁板料理台后方的洛佩斯神情看来十分自在，头上牢牢绑着印花白巾，牛仔布的御多福围裙在胸前写着："Eat Okonomiyaki All Together A Happy Happy Home！！"

洛佩斯的御好烧融合了一个个精准动作与强烈的个人风格。每当顾客进门，还未坐定之前，洛佩斯便已舀起一勺面糊到铁板上，为接下来的动作做好准备。他手持两把铲子让卷心菜丝聚集成团，在铁板上轻洒水珠来测试并调整温度——通过这个男人的一举一动，你会发现他深知"商品"与匠心独具的"手艺"之间的细微差异。

我在市区见过的其他御好烧师傅，看上去都像是原本的上班族找了个电话亭就把身上的西装领带换成了工作服与头巾。然而洛佩斯与众不同，他在铁板前料理的模样，仿佛至今的人生多所历练：片过不少鱼，熬过几锅酱料，也搞砸过一些舒蛋奶酥。你或许会想，要这般多才多艺之人负责如此单调且形式固定的料理，根本是为他的人生宣判死刑，但置身于嗞嗞响声与蒸腾的热气后方的洛佩斯，看起来却是一派平静的模样。

"别人常问我一直做同样的料理会不会很无聊。别说笑了！这些人完全没搞清楚一个御好烧到底费了我多少心思。"

为了阐明话中含义，洛佩斯给我上了堂卷心菜的入门课。卷心菜出产于一年内的不同时期，产地也遍及日本各地，从严寒的长野群山到福冈干燥的平地，而且不同季节放在铁板上加热的反应也不尽相同。春天的卷心菜软化得快，也容易焦；到了秋天则因为含水量高，比较慢熟，相对就需要拉长料理时间。“光是要精通如何掌控卷心菜的状态，就花了我整整一年。”

再加上还有面条、鸡蛋、薄饼、肉类和难以捉摸的铁板要顾及，于是你开始明白洛佩斯为何没把心思摆在增加菜色品种或拓展店面上，而只热衷于制作御好烧，且一做便是十五年。洛佩斯最具备日本特质之处，或许就在于他能把处理好蔬菜含水量和铁板的温度分布这类细节当成值得付出一生的挑战。

在洛佩斯身后，有两名学徒正仔细观察着他的一举一动。三十一岁的 Futoshi Mitsumura 在东京当过一阵朋克摇滚乐队的鼓手并小有名气，后来念头一转，回到广岛学习故乡传统美食的精髓。他在店里待了一年，大部分时间仍负责幕后准备工作，像是煮面、切卷心菜、补充瓶子里的御多福酱料等。

另一名学徒 Hidenori Takemoto 今年三十岁，是典型的另谋出路的上班族。对于在丰田汽车当技师的生活感到乏味的他，从这种广岛特色料理层层堆栈的食材中得到了启发。“在丰田，上头说什么我只能照办，就算做得再好也得不到半点称赞。然而制作御好烧的时候，我总是马上就能得到响应。”他跟着洛佩斯已经超过一年，怀着内敛的自信默默地在打蛋、翻面、为面条撒上适量的热水等工作上展现着才能。他早已在四国选定自立门户的地点，并会让那里的人们有机会在将来一睹洛佩斯的特色御好烧、墨西哥辣椒，以及他所学的一切。

店外候位的客人不断增多，队伍尽头的一小群人中有两个泊车员跟一个身穿羽绒外套、头戴巨大耳机的青年。这时，洛佩斯太太忽然现身，穿着围裙、手拿铁铲，在丈夫身旁的铁板前就位。她还是会负责铁板料理，但多半都只在餐厅最忙碌的时候才上阵（洛佩斯夫妇跟他们的两个儿子，以及太太娘家的人都住在与餐厅相连的房子里）。她撒了些香料、煎好蛋，很有效率地把丈夫制作到一半的御好烧逐个完成，再推到铁板另一头等候的客人面前。在地道的御好烧餐厅，最基本的吃法便是使用一把小铁铲直接从铁板上取食。洛佩斯总爱说，这道料理在呈上后仍会不断改变风味，直到客人吃进最后一口。

近来“洛佩斯御好烧”常常名列许多本地美食榜的前十名，日本知名美食评论网站“Tabelog”便长年将这家店评为“广岛一流的御好烧餐厅”。不过仍旧有些美食家很难相信危地马拉人能够做出好吃的御好烧。洛佩斯还记得，几年前有一名地方记者写了一本介绍广岛御好烧及相关店家的书籍。这位记者来“洛佩斯御好烧”吃过几次，并在几个月后很客气地回来送了一本成书给洛佩斯。然而在书里面，洛佩斯的店并未与别的御好烧店平等地罗列在店家名单上，而是被归在“其他”一栏里（反倒是先前两位学徒开的店都赫然在列）。

“有些人只因为我是西方人，就说我把御好烧西化了。”洛佩斯平静地说，好似天生不会为任何事激动，恰如结合了拉丁美洲人的谦卑与日本人的克制精神的、一幅行走的文氏图。洛佩斯毫不忌讳谈论任何人生片段，无论是虐待家人的父亲、横越大洲的恋爱，还是身为日本外来移民所遇上的种种艰辛，他都能像讨论蔬菜那般两手一摊，以平稳而不带起伏的语调逐一述说。不晓得他到底是在日本定居后才有如此性格，还是打从离开危地马拉就一直是这副脾气，唯一能确定的就是，这种个性跟铁板十分合拍。若你能放下眼前的成见，甚至可能会把他误认为一个土生土长的广岛人也说不定。

现在的顾客们已经不会再以异样眼光看待“洛佩斯御好烧”。与许多日本餐厅刻意营造的寂静氛围呈鲜明对比的是，他们在这里畅饮啤酒，合拍照片，大声吹捧站在铁板后的老板。洛佩斯会和店里的老太太或年轻情侣闲聊，一面接下点单，一面不时问候常客的家人，或是谈谈共同朋友的趣事。

“在广岛街上，你不会找别人聊天，只活在自己的世界里，”洛佩斯说，“但来到这里，你会抓起一张板凳坐下，除了享受眼前的料理过程，同时也认识坐在你身旁的人。”

有天下午，我正坐在吧台前忙着要把洛佩斯的墨西哥辣椒御好烧扫光的时候，一名老妇人在我身旁坐下，点了分量十足的外带餐点。她似乎很诧异于店里竟然有我这个外国人，并用一口流利的英语与我攀谈，我们于是谈论起各种陌生人通常会聊的话题，直到她主动跟我提起自己其实是一位“被爆者”，也就是“原子弹爆炸幸存者”。

“事情发生的时候我才两岁，那时我们家位于距离爆炸中心点一公里半的位置。爆炸的瞬间，附近有很多人侥幸活了下来，然而高温热能引发的大火就这样烧了三天，不少人到头来还是死了。房子倒塌的时候，我三个哥哥被压死在废墟里，全家就只有我和妈妈活了下来。”

我们两人都静静坐在位子上，注视着铁板表面升起微微热浪。过了几分钟，她再次打破沉默。

“我花了一辈子思考，明明当时都在同一间房子里，有四个人丢了性命，另外两个人却没事，实在太不可思议了。人生真是充满谜团。”

既然谈到广岛，有可能不提及原子弹爆炸吗？每当走在这里的街道上，逛着市场、在餐厅用餐，有可能不去想起那段人们试图忘却的历史吗？这些想法一直在我脑中挥之不去。我纳闷自己为何无法释怀，纳闷自己若是久居此地的住民，是否终究会放下一切？就连在输入这段文字时，我都感觉到有股罪恶感在指尖流动，仿佛如果我就这样刻意避讳而不去提及，让广岛人民继续独自努力求生，反而会是对他们有所亏欠。

这座城市的地表在爆炸后的灼热还未完全冷却之前就准备好要向前迈进了。据说，原子弹爆炸后的广岛几近全毁，但花花草草却是立刻恢复了生机，而不是等到几个月甚至几年后大量遗体被火化完毕或是辐射能消散殆尽之时。到了 1945 年 8 月 12 日，也就是投下原子弹的“艾诺拉 · 盖”（Enola Gay）轰炸机宣告人类迎来核时代的一个星期后，广岛市已是遍地绿意。约翰 · 赫西（John Hersey）在著作《广岛》中如此记述 :“野草掩盖了灰烬，野花绽放于市井残骸之间。”这本书详细记载了史上第一颗原子弹所引起的余波。“原子弹不仅没有伤害到植物在地底下的根基，反而还刺激了生长。”

广岛以惊人的速度从一片残垣断壁转化为现代都市。摩天高楼拔地而起，崭新的道路体系得以规划，河边也树起了一座祈祷和平的纪念碑。1947 年昭和天皇至广岛慰问孤儿时，见到的并非一座悼亡之城，而是一处欣欣向荣之地。

《先驱论坛报》（*Herald Tribune*）记者艾伦·雷蒙德（Allen Raymond）当时这样写道 ："迎接天皇亲临的并不是因苦难而绝望的人群。我见识过世上大多数遭战火蹂躏的地区，却没看过有哪里的人比广岛人更坚强、积极且洋溢着热情。整座城市仿佛充满了生机与活力。"虽然美国记者是出了名的会在战后为了顾全利益而自吹自擂，但我遇到过非常多的广岛人，即便说法有异，却也都传达了相同的意思 ："我们那时选择向前看，而非向后看。"

每天早上，我从市中心走到"洛佩斯御好烧"，走过美国人设计的宽敞大道，穿越广阔公园，看当地妇女于草丛中寻觅野菜。我隐没在高楼大厦的阴影之中，身边流动着神采奕奕的上班人群。街上有男性在大口吃面、女性揽客卖鞋，也有小孩子骑着单车——如今，广岛俨然是一个洋溢着都会风情的城市。

然而，每当晚上我沿着元安川返家，都会看到这条河流在夜色中好比七根黝黑的手指将广岛市分隔成一字排开的列岛，而我目光所及之处都在诉说着往事。眼前耸立的群山，是原子弹爆炸后的清晨，人们为了远离仍在闷燃的废墟而逃向的高处。"T"字形的相生桥本来是"小男孩"（Little Boy）原子弹的原定目标，但因落下时往西飘移才变成在医院上空爆炸。当时困于市中心的幸存者便是投身这片河流，来

“这座城市仿佛存在着许多折纸职人，能将手中受尽蹂躏的余烬残骸重新变得美好。”

躲避被大火吞噬的城镇散发出的炽热。如今，河面上只看见原爆圆顶馆的残骸反射出苍白的光芒，提醒着人们那段广岛挥之不去的无情历史。

原爆圆顶馆本来是产业奖励所，距原子弹爆炸处只有一百六十米。里面的人全数当场死亡，仅建筑物结构得以大体保持完好。这处位于市中心的遗迹令人不寒而栗，许多人希望能把它拆除，好忘却一切不堪往事，但政府还是决定将其保留。圆顶馆至今仍在河水的粼粼波光中闪烁，好似一幅光学幻象投射在人们眼里。到底是世间麻木不仁的象征，抑或人类坚韧品格的展现？仁者见仁，智者见智。

每晚我都在思索：为何圆顶馆的墙面会这么平滑？窗户怎么可能还这么方正？上方的穹顶又怎么能保持圆弧状？在经历这一切之后，它怎么还能屹立不倒？这栋建筑甚至入侵了我的梦境，化身为我跑遍整座城市也无法摆脱的鬼魅之一。

当人们在“洛佩斯御好烧”的吧台前随兴地提起往事的时候，这些鬼魅便会再度现身。他们大多会讲述当时是如何在万死无生的情势下幸存。有位老先生一面吃乌贼御好烧一面聊，说他在爆炸时恰好走到一栋建筑后头，所以才没被高温烧成灰，捡回一条命。另一天店里坐满客人的时候，洛佩斯太太告诉我：她的母亲那年十岁，在一间工厂拼装战机零件，当时有两台机器因冲击波而相向倒塌，反倒形成了一个“A”字形的空间保护这个瘦弱的小女孩幸免于难。“我母亲总是说，他们竟然让小女孩来制造武器，也难怪打仗会输。”

我努力想要了解这所有的遭遇，说些得体的话来应对，但始终语塞。身为美国人，我的祖父曾于“二战”期间抢滩冲绳，而他的战友听到原子弹爆炸的消息多半欢呼叫好。这些事实都让我更加为难，种种情绪不断浮现并在我体内打转：内疚、遗憾、强辩、愤怒、接受、矛盾，好似车子上装载着满满的货物，等着我找地方将它们一一卸除。我内心的混乱与这些人平静的语调形成强烈对比，尤其坐在我身边的这位“原子弹爆炸受害者”，她是如此温和地诉说着过去，还很有耐心地等候外带的餐点。

失去家人的微笑老妇人、和平纪念碑，以及所有因这种不可思议的战后美食而聚在一起的群众。在我忍不住将这些片段连接之后，我感觉这座城市仿佛存在着许多折纸职人，能将手中受尽蹂躏的余烬残骸重新变得美好。

过了几分钟，洛佩斯递给老妇人满满一袋食物——三份外带的猪肉御好烧。老妇人脸上立刻充满神采，宛如迎来了灿烂的平安夜。

“他的御好烧很好吃。”说完，老妇人提着整袋美味，缓缓消失在夜色之中。

我克制着不让眼泪流下，抬头看向洛佩斯。洛佩斯摇了摇头：“她总是要求在御好烧里加乌冬面，不管我怎么劝她试试看炒面面条都没用。”

自从 2008 年洛佩斯的肩背部患上肌腱炎后，“洛佩斯御好烧”都会在星期六停业，这让洛佩斯的岳父岳母很看不惯。“在日本，你就得趁年轻无休无止地拼命工作。像我岳母那些左邻右舍的朋友，就会问她为什么我们星期六休息。”洛佩斯这么说着，一边露出浅浅的微笑，可见这个男人早就不介意太太娘家人会说些什么了。

但在这笑容背后，洛佩斯正为了别的事倍感焦虑，不停地在拉下卷帘门的店前踱步。实际上，洛佩斯一直想着要去光顾他学徒几个月前出师后在广岛车站背面开设的店。想必他先前已经送过花束并附上显眼的“洛佩斯御好烧”招牌表示祝贺，不过今天算是头一次品尝弟子的手艺。洛佩斯还邀请了老师小川先生同行，帮忙评鉴洛佩斯出品的御好烧质量，这相应地也带给他自己不少压力。

小川先生开着货车到店门前接我们，师徒两人一见面便如老友般相拥致意。“您气色很好，”洛佩斯说，“我一直挂念着您呢。”这是因为这次重逢其实有点不合时宜，小川先生近期接到一个坏消息，之前的一个徒弟在上星期骤然过世，银行在本周早些时候寄来了通知，希望合签餐厅租约的小川先生能把店接下来。

七十一岁的小川先生显然已经没有多余精力接管别人的店了。再加上近几年与肝癌及大肠癌缠斗，动了三次手术，做了好几回化疗，身体也渐渐支撑不住。但对他来说，关注徒弟的大小事永远排在第一位。“银行说，看我要出钱还是出力工作。所以我打算出力了。”

小川先生在原子弹爆炸后的第二年出生于长崎，1968 年的时候搬到广岛，在 1970 年代初做过调酒师。当时，酒吧楼上新开了家御好烧店，老板提出收他当学徒。十年后他自立门户，逐步调整材料、改良技法、改善厨具，进而开创了日后广岛最知名也最具影响力的御好烧流派之一。

小川先生迄今为止收了五十多名徒弟学习“八昌”流的御好烧。

客人增多的时候，洛佩斯的太太也会一起站在铁板前料理。

他不持派别之见，不藏私，和料理界许多排外的流派大相径庭。“我没什么秘密，只希望大家都能好好干。”

“Masaru 御好烧”和“洛佩斯御好烧”有许多共同点：长长的“U”字形铁板料理台、鲜艳的配色与背景的拉丁乐，还有每当太阳一下山就成群涌进的顾客。我们没事先告知就来拜访，让店主平冈胜看见洛佩斯和小川先生走进来的时候整个人都吓呆了。他先是很紧张地和我们打招呼，接着回铁板前处理卷心菜。

小川先生不发一语，仔细地看着徒孙的每一个动作。他分析着平冈先生的御好烧层次——椭圆形的薄饼、刚煮好还滴着热水的面条、双黄蛋，再加上热气蒸腾的铁板，同时不停微微点头表示赞许。

接下来有好一阵子，小川先生都陷入沉默，出神地看着铁板中央，仿佛在凝视着生命中一盏缓慢流动的熔岩灯。他是否想起了那五十几个拜他为师的徒弟？想起了口无遮拦的北海道小伙子、在东京迅速致富的弟子，以及令所有人大吃一惊的危地马拉人？又或者想起了最近离世的徒弟，还有眼前困难重重的未来？

平冈胜并非小川先生的亲传弟子，但他那熟悉的技巧与举止反倒让这一刻格外地有意义。有人会问，为何要用厚铁板？为何要用现煮面条？因为师父就是这么做的。又为何要用双黄蛋？为何这样、为何那样？因为，师父就是这么教的。对于这些有关日本料理最切中核心的提问，其实答案正是如此简单。

通过师徒三代，满足广岛人口腹之欲的御好烧技艺就宛如三条支流般各自蜿蜒向前。在平冈先生右手边切着卷心菜的是他的徒弟，也可以说是第四条支流。将来这个人或许会将所学朝着未知方向传播，并且对自己的顾客或弟子称之为平冈流，而非小川流或洛佩斯流。然而一切启发的源头就坐在我旁边——如今癌症缠身、听力衰退的他，正静静地观视着自身的成就恍若涟漪般遍及广岛。

“我什么都没改，和洛佩斯教我的半点不差。”平冈先生边说边抹去额间流下的一道汗水，“我的目标是达到他的水平，做到和他做的一样。我现在还没到达那个境界，不过要是我做到了，客人会告诉我的。”这段话让洛佩斯的脸有些红了，而小川先生也突然打破沉默，小声称赞了几句，他的脸也有些泛红。

在接到新的点单后，平冈先生冲回铁板另一头忙活起来。他以勺背将薄饼铺展开，轻轻堆上卷心菜，让面条在灼热的铁板上舞动，并慷慨地涂上一层厚厚的御多福酱料。等一切准备完成，他便将食材堆高、摆在冒泡的双黄蛋上后翻面，接着抓了一把墨西哥辣椒撒在御好烧上头。

“这就是我们店里的招牌菜。”

饮食史入门

日本饮食的演变

600

稻米由中国传入，开启了日本与中国、韩国的长期地域贸易。茶、佛教思想、陶瓷，以及各种主要料理等的引进，对日本文化造成深远影响，而日本则是对这两个国家感到又爱又恨。

1543

葡萄牙船只于九州岛外海遭遇海难，这成为天妇罗与基督教传入日本的契机。天妇罗广受日本人接纳，基督教信仰却在日后遭霸主丰臣秀吉严令禁止，甚至有众多信徒遭到迫害。

1873

明治天皇率先公开试吃牛肉，终结了一千二百年来的肉食禁令（这仅是长久以来日本饮食习惯深受佛教思想影响的其中一例）。不久，以肉品为中心的西化料理，如烤鸡肉串、炸猪排、日式烤肉跟拉面逐渐盛行。

1945

从这年起美国占领了日本长达七年。他们运来一船船国内供应过剩的小麦，向饱受饥荒之苦的日本人鼓吹其丰富的营养价值（作为换取低价小麦的代价，日本同意向美方购买军火）。拉面、乌冬面，以及御好烧文化因此盛极一时。

1975

日本航空公司主管冈崎彬成功将蓝鳍金枪鱼由加拿大新斯科舍省空运至东京，固然确立了寿司在日本数十年间欣欣向荣的地位，却也造成全球海洋生态的浩劫。如今日本的渔获市场堪称一张 21 世纪的海产地图。

2011

这一年，日本史上面包消费量首次超过稻米。一方面，恪守传统的人士哀叹小麦兴起；另一方面，日本料理人发展比萨或烘焙糕点面包的手艺却是比他国都略胜一筹，不过也让日本国民的腰围有了小幅加粗的趋势。

暗夜中的指路明灯

便利店八大惊奇

在日本，都市的每条街上（市郊则是每隔两条街）都能找到便利店的踪影。这些无处不在的超市不只摆放成堆的垃圾食物和低价酒品，还销售寿司、炒面、漫画、药品、单麦芽威士忌和宿醉解药。7-11、罗森、全家，各自拥有众多支持者，然而共通的宗旨就是要让顾客花最小的力气得到最大的便利，以及提供超乎预期的美味食品。日本便利店吸引人的要素很多（当然也有不讨喜的地方），以下列举的八项可说是最值得称道的特色。

LAWSON
MACHI cafe

饭团

日本极受欢迎的食品。成排的三角形厚实饭团外头包着充满光泽的香脆海苔，在便利店货架上的地位不容小觑。建议试试梅子或金枪鱼蛋黄酱口味。

日式炸鸡

油炸食品在便利店十分抢眼，其中尤属炸鸡类表现突出，如辣鸡块、鸡排、鸡腿、棒棒鸡等。特别是罗森的炸鸡块相当出名，咸味足又出奇地多汁，而且不管冷热都很好吃。

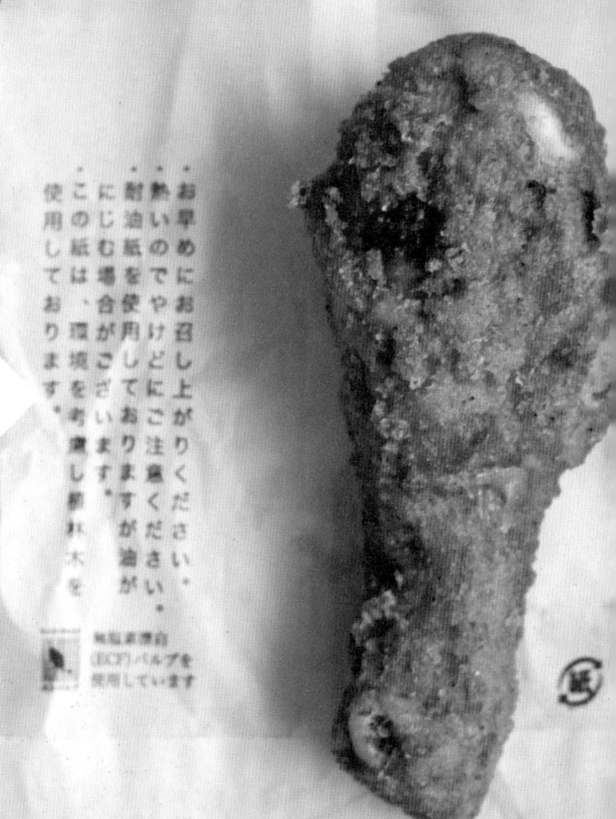

03

关东煮

冬天一到，关东煮就成了便利店的主角，有多种蔬菜、肉类、豆腐和蛋浸泡在高汤里慢慢煨煮。日本人疯狂热爱这种食物，当你觉得冷到骨子里的时候，想必也会为之倾倒。

洋果子

柔软的口感与些许甜味，让洋果子不论是作为豪华的早餐，还是深夜畅饮的酒侣（可以尝尝任何抹茶口味的商品）都十分适合。“全家”的一系列高级精致糕点尤其叫人难忘。

冰咖啡

几乎和贩卖机咖啡一样无处不在，但滋味略胜一筹。便利店的冰咖啡往往超级无敌甜，买的时候最好选择标有“double”或“espresso”的产品。或者可以利用现今大型便利店都配备的咖啡机，自行调配出符合个人喜好的冷热咖啡。

酒品

在这里可以找到不少贩卖机饮品或饭店独饮良伴。除了专门的清酒区、一箱箱堆栈的啤酒外，还有葡萄酒和威士忌，即使是内行人也难以抉择。烧酒调酒和适合放进口袋带着走的罐装三得利啤酒是冷藏柜里的两大巨星。

07

三明治

明明是湿软的土司配上量产的馅料，但这些塑料包装里却包含着超乎逻辑的美味。7-11和罗森的鸡蛋三明治，就像金黄的蛋黄和鲜甜的丘比牌蛋黄酱相遇所带来的一场奇迹，风味妙不可言。

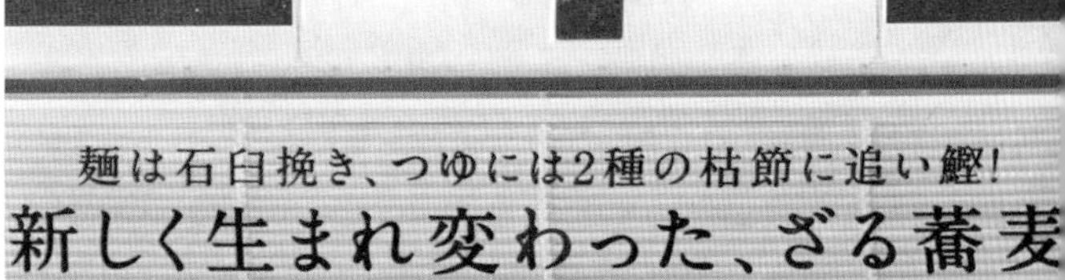

08

其他一切

若用美国的标准来看日本便利店，这里的洗手间堪称雪亮洁净，店员也活泼得令人莞尔，更不用说7-11还是少数可使用外国银行卡提款的宝地。当你啃着鸡蛋三明治的时候，还可以顺便支付账单、购买机票或演唱会门票。

油炸食品
DEEP FRIED

油炸艺术的升华

日本人固然以长寿自豪，却也与其他国家的人一样地热爱油炸食品。从便利店的可乐饼一路到米其林餐厅的天妇罗，这个国家的油炸功力举世无双。

可乐饼

食材包罗万象，从土豆泥、绞肉、咖喱到蟹黄都有可能。有点类似西班牙炸肉饼(Spanish croquette)，只不过多了几分日本人对烹调的讲究。

日式炸鸡

将鸡大腿肉以酱油、大蒜和姜腌渍，待入味后油炸。同样的做法也适用于炸虾、炸章鱼及其他海产。

炸串

在拥挤的小店将这种炸肉串配上冰啤酒滚滚下肚，叫人怎么可能不爱它？炸串源自大阪，但你随处可以找见。

炸猪排

猪腰肉裹上面包糠油炸，酥脆爽口不油腻，再搭配呛辣芥末、伍斯特沙司、卷心菜丝与白饭一同享用。使用黑猪肉炸成的猪排最是可口。

天妇罗

天妇罗职人投入毕生心血，将面糊的调制与油炸技巧提升至艺术的境界。若想来一场完整的天妇罗体验，就到天妇罗专卖店点一份“omakase”，由师傅为你搭配菜色吧。

面包糠的威力

日本厨师选用大而扁平的面包屑当作面衣，炸出金黄的猪排、可乐饼等油炸美食，吃来口感酥脆，不过分油腻。

百货公司地下美食街的油炸食品

日本百货公司地下美食街（depachika）为饕客们提供了一处飨食天堂，其规模令人赞叹，宛如网罗了各式特制油炸食品的缤纷世界，是购买可乐饼、炸猪排或天妇罗的好去处（记得特别留心各处提供的免费试吃）。

第六章 北海道

我睁开眼睛，人躺在经济型酒店床铺的床单上，全身衣服都没换下来，还散发着威士忌和羊肉的气味。而且要说的话，烧烤的并非羊羔肉，而是成年羊肉，肉质感觉比起风味最佳的时间已经晚了几天甚至几星期。我用力眯起眼睛、绞尽脑汁，费了好大劲试着回想昨晚的细节，于是脑海浮现了一罐可放入口袋的三得利啤酒、一位老太太跟一堆生洋葱，还有一间弥漫着烟雾、备有卡拉 OK 跟廉价酒的酒吧。

接着我发现了这封电子邮件，应该是在我昨晚不省人事时发来的。

嗨，马特：

我帮你准备好了 SL 蒸汽火车“二世谷号”* 的优待票。这列

* 该列车已于 2015 年停运。——编注

列车只在秋天的周末运行，由札幌开往二世谷。乘客可以好好沉浸在怀旧的旅游气氛中，前往二世谷的路上会经过许多地区，沿途不只风景壮丽，用餐的车厢还会提供各色土特产让乘客选购。

寄件人保罗·哈格特（Paul Haggart）是二世谷官方观光组织的代表，他力邀我去他那群山间的小城镇走走，饱览北海道雄伟乡野风光的全貌。保罗通知我，车票是东京 JR 票务所的 Yoshitaka Ito 先生帮忙处理的，保留在 JR 札幌站的服务台，站务员会在那里等着我过去。

北海道早晨的阳光相当刺眼，更别提宿醉让人脑袋沉重至极，并伴随阵阵抽痛。对当下的我来说，这趟旅程听起来实在大费周章，但我早就答应过人家会去，而且毁约这种事在日本比在其他任何地方都致命。于是我翻身起床，把衣服塞进旅行箱，接着步履蹒跚地向车站前进。在札幌吃了好几天烤羊肉，做了不少欠考虑的决定之后，或许换个环境，呼吸点山区的新鲜空气会对我有好处。

SL 蒸汽火车“二世谷号”形如一条巨龙，精壮却不失优雅。漆黑的龙身好似无星的暗夜，最前头冉冉上升的浓烟则宛如温热鼻息。这只巨兽随特定季节奋起，此时已准备好要爬越这片地貌的多变大地。在车头站岗的列车长身着充满怀旧感的制服，利落的动作仿佛能切开一颗软西红柿。环顾四周，每个人好像都不可自拔地为“二世谷号”所兼具的旧世界的高雅和历久不衰的精湛技术所深深吸引，发疯似的不停拍照跟录像。

我奋力穿过人群，他们看到我这蓬头垢面的外国人在油腻、染过羊肉汁的手里揣了张金色车票，脸上都带着明显的疑惑与失望。走进车厢，“怀旧的旅游气氛”充满了整个空间。一如日本人的一贯作风，内部装潢几乎完美复制了1856年的车厢构造，堪比好莱坞的拍摄现场。不论是散发亮丽光泽的橡木镶板、做工精细的铁制品，还是地道却难坐的木头座位，每个小细节都如实复刻。

火车自豪地呼啸了几声便驶离札幌车站，一路向着二世谷蜿蜒而行。时间还不到早上八点，同车厢的其他乘客眼看着已经迫不及待地取出自备的食物，享受一顿“野餐”。不过，眼前并没有一般日本人郊游会准备的东西，既没有白饭，也没有腌梅子。摆满了晶亮木桌的，反而是又厚又硬的面包、湿润的干酪、数条坚硬的意大利腊肠，以及片状的烟熏火腿。饮料则有瓶身结满冰珠的本地白葡萄酒和出自小型酒厂、外观用啤酒花藤跟地方图腾做装饰的啤酒。

离开海岸线，我们缓缓进入北海道层峦叠嶂的山地。随着深入内陆，路上的风景也随之变换——从西兰花的绿色转为香蕉黄、胡桃棕，再到甜菜红，不断深入秋季的核心。我旁边这群快活的旅客，年纪三十岁上下，也会说几句英语。他们向我递来了一杯酒及一盘干酪，瞬间让我觉得彼此的距离缩短了不少。

我们在靠近银山的山麓小站停了下来，车厢内的人顿时走得一个不剩。一对夫妻在月台摆了小摊子，卖着巴掌大小的苹果派，派皮酥脆且层层分明，使用的苹果正来自位于城外的自家果园。我买了一个，在品尝一口之后随即又多买了三个。

回到车上，各个车厢突然出现许多穿着制服的年轻女性，发放供

当地人将羊蹄山称为“北海道的富士山”，其原因一目了然

试吃的北海道冰激凌。我身后的一群人齐声唱起歌来，后来才听说他们唱的是赞扬季节之美的民谣。无论火车行经何处，从采收过的金黄玉米田、蓊郁的密林，到如和牛上的油花般刻画大地的湍急河流，到处都有隐身于自然中的摄影爱好者，架好了三脚架，预备着按下快门，想拍下一张二世谷号随着奔腾的蒸气穿越北海道山峦的绝景。

我坐在车厢里，啜饮着白葡萄酒，品尝着干酪，尽情享受着窗外丰饶的秋景与隔壁乘客的融洽气氛。对于这一切，此刻我脑海中只有一个疑惑一直挥之不去：我什么时候离开日本了？

北海道的大小与形状约略相当于美国缅因州，地表上山脉高耸、溪谷苍翠，还有曲折又荒凉的海岸线。或者也可以把北海道想象成把瑞士由欧洲内陆搬到日本海变成的一座大岛屿。北海道与本州岛相隔着津轻海峡，地广人稀，面积占日本的百分之二十五，人口却只占总人口的百分之五。通过 1972 年在此举办的冬季奥运会，许多人对于北海道的印象便是滑雪胜地，不仅降雪量丰富，也以极为轻盈干爽的雪质而闻名世界。

起初我来北海道并不是为了滑雪，而是为了两样这里最出名的食物，这两样食物也名列我“死前最想再吃一次”的清单：味噌拉面跟海胆。除了产地，两者唯一的共通点便是能带给人强烈的满足与欢愉。前者结合了猪骨汤头、浓厚味噌与用铁锅炒至焦香的猪五花肉（还可另外依喜好加入一块北海道黄油）；后者则堪称地球上最迷人的食材——蛋黄色的生海胆形如舌头，肥腴鲜美，甘甜中带有海水的咸味。

谁要是迷上了海胆，就得自负风险，毕竟这就像毒品或是高赌注的牌局一样，一旦上瘾，不仅代价不菲，还难以戒除。

然而，我这万分单纯的盘算却被打乱了。本来我只想在大啖味噌拉面和海胆后搭最早的飞机回东京，但是在见识过蒸汽火车和如缤纷蔬果般变化无穷的自然美景之后，北海道突然显得极其庞大，而远非只有海胆及一碗汤面所能诠释。没人告诉过我这里有着如金色波浪般起伏的田野、神似富士山的火山，以及气象万千的国家公园；更没人提过这里还能喝到白葡萄酒、享用干酪和面包。

最能明白我为何会如此按捺不住地想要探索北海道的人，当属约安娜·莫雷利（Ioanna Morelli）。2004年她来到二世谷，打算在这里停留几天，玩玩滑雪板并吃喝一顿，再继续往远东其他地方旅行。但计划赶不上变化，约安娜深深迷恋上北海道不为人知的种种美妙，其中还包括一名从埼玉来到这偏远地带当滑雪场巡逻员的渡边仙司。从此，她再也没离开北海道。

如今结为连理的两人在此经营的店“Bar Gyu+”，是北海道数一数二的时髦鸡尾酒吧。这家灯光昏暗的饮酒秘密基地位于比罗夫，往上走便能抵达这一带最大的滑雪场。这对夫妻组成了最佳搭档——约安娜是店里的威士忌专家，身穿吊带裤的渡边先生则是帅气的鸡尾酒之王。每年有四个月，这间酒吧和其他所有在滑雪场附近的店家都人声鼎沸，挤满来自澳洲及香港的滑雪客，偶尔也会有东京的客人。

不过，等雪季一过，人潮也退去大半，而这也正是我为什么选择此时来二世谷。少了大批穿着冬装的游客搅局，才能不受打扰地领略当地的一切。搭上蒸汽火车进入这山区没多久，我就在二世谷一家卖酒的商店巧遇约安娜。听完我在“二世谷号”上受到的启发，约安娜提出带我四处走走，体验一下她所说的“让人大开眼界的北海道”。

当然，你也可以只到札幌浅尝以该市为名的啤酒，大口吸拉面，去堪称日本占地面积最大且繁华无比的红灯区享受一番，最后再乘火车到小樽匆匆来一顿海胆盛宴，然后返回本州岛。然而若想体验真正的北海道，了解这块土地的内涵，就得走出这些只占了一小部分的市区，探索辽阔的大自然。几天下来你会发觉，在偏远无人之地，北海道仍汇聚了各种难以想象的美好。

在这里，买鸡蛋都是各凭良心，自己从农家朋友的邮箱取货；超市的农产品包装印着农夫的脸，让你一看就知道手上的白萝卜是谁精心栽培的；而邻居之所以养起鸵鸟，是因为到澳洲度蜜月的时候看了觉得很酷，于是心想，管他的，养一只有何不可？

一整个星期，约安娜都开着破旧的本田休旅车，载我巡游北海道南部地区四处吃喝，这大举颠覆了我对日本饮食文化的认知。约安娜出生在加拿大，却有着一颗恰似纯正日本人一般的心，在理解及分析两边的文化差异方面具备十足风度而又不费吹灰之力。这段时间，我从她身上学到许多，像是在各种社交场合如何鞠躬致意，用餐后应该如何出声以示赞美，还有便利店炸鸡的优势，等等。

在距离比罗夫十分钟车程之处，我们找到林木环绕的小木屋，这里是提供世界顶级比萨的店铺“Del Sole”。店主 Kenji Tsugimoto 亲手以砖头一块块搭建起来的烤窑，能将饼皮烤得边缘蓬松饱满、底部焦香滚烫，就算和那不勒斯最好的比萨相比也毫不逊色。他一天只接待午餐和晚餐时段各五桌客人，说是“再多的话我就没办法好好做出心目中的比萨了。”

北海道一带到处点缀着乳品工业兴旺发达的迹象：阳光下成群的奶牛眼睛眨也不眨地嚼着反刍的食物；冰激凌店为来观赏林叶的饥饿游客提供当季口味；塔形谷仓上的标语向钙质不足的现代人呼喊：“来喝北海道的鲜奶！”比牛奶更棒的，便是到“二世谷牛奶工房”尝尝当地的酸奶。在这里，你能看到由红色谷仓改建的房舍、诸多的牛与拖拉机，还能饱览当地人称作“虾夷富士”的羊蹄山绝景。牛奶工房销售各式各样的乳制品，但别忘了，你的目的可是酸奶。那清爽的甜味和浓郁的奶味，好喝到让我在入口的瞬间，就决定接下来整整一周都不喝水了。

位于余市沿岸平原的余市蒸馏所是日本规模最大、历史最悠久的威士忌酒厂之一，犹如一座酒精浓度极高的绿洲，供岛上四处游历的人解渴。酒厂内，蒸馏酒液所需的火焰正熊熊燃烧——和蒸汽火车“二世谷号”相同，余市蒸馏所至今仍是靠烧煤运转。约安娜熟知有关威士忌的一切，这趟旅途中她接连谈起许多有趣的故事，让我明白酒桶熟成的好处和“日果威士忌”创办人竹鹤政孝的愿景。1918 年，竹鹤政孝不远千里赴苏格兰向当地资历最深、最富有见识的酿酒师傅学习酿造的秘诀。两年后，他不仅带着苏格兰籍的太太回国，也带回了日后奠定日本整个威士忌产业基础的蓝图。竹鹤政孝选择北海道作为立足之地，因为这里最能让他回忆起苏格兰。

不过在这类市郊胜地中，我最中意的是一家离二世谷车站数英里远的小店。其外观的棕色屋顶呈现倾斜的“A”字形，与其说是荞麦面圣殿，不如说看上去更像滑雪小屋。这里的主人赖立在1962年初次来到北海道，那时才高一的他骑着单车一路从东京北上，被北海道的乡野魅力深深吸引。四年后，存够了钱的他便再次回到此地——只不过这次改成徒步，跋涉了一千公里。起初他在一间饭店工作，心里一面想着要独力开家餐厅。尽管北海道荞麦产量丰富，附近地区却没有任何店家提供荞麦面，赖立先生因此卷起袖子，开始经营他的事业。

“乐一”由赖立先生独挑大梁，店里设计了十二人座的扁柏木吧台，让客人得以直接静观厨房动静。这里的每一份荞麦面皆为手工制作，且现点现做，让客人能在品尝之前亲眼见证荞麦粉和水是如何令人惊奇地转化为面条。这一过程从开始到结束总共才八分钟，其间让观者倍感温馨与亲近。每当赖立先生在工作区抬起头来与你四目相交，都会让你忍不住脸红心跳。

他首先使用百分之百的本地荞麦粉（由于荞麦粉非常不好应付，多数荞麦面师傅会在和面时掺入一些小麦粉来降低操作难度），加水将面团揉成光滑的球形，然后再拿出一根木棍，以前臂与掌心施力，把面团擀至极致的薄片状。每擀一下，就用右手拍打面团一次——这迅速而连续的动作为繁复的整个流程奠定了节奏。木棍的擀面声、手掌的拍打声、面团与料理台摩擦的沙沙声，一开始十分舒缓，继而益发响亮快速，恰似一场酣畅淋漓的精彩爵士乐表演。他不停地擀面、拍打、转动面团，擀面、拍打、转动面团，擀面、拍打、转动面团……

如此周而复始，直到把粗糙的圆形面团擀成四角分明的长方形。接着，他拿起十二英寸长的切刀与引领刀路的木板，将面团切成无数的深棕色面条。没有任何多余的动作或奇特的花活，自始至终不曾有造成面团损耗的马虎急躁之举。

在场的没有一人出声，仿佛要是吐出太多气息，会破坏荞麦粉与水的奇妙结合。赖立先生也曾到哥本哈根向一群餐饮业的重要人士示范制面，当即让三百多名一流大厨看得目瞪口呆，现场陷入一片静默。然而他所展示的，其实与平时每天在北海道的自家小店重复不下十次的这套手法并无不同。

煮好的面会由赖立先生的夫人 Midori 端给顾客，这位老板娘总是穿着一身华丽昂贵的和服，轻声细语、温柔婉约。“乐一”的荞麦面大致分为两种：一种是“热汤面”，会在深色的热汤头里加入面并搭配几片鸭胸；另一种称为“蒸笼”，是将冷荞麦面盛装在竹屉中，另外蘸取浓缩版的汤头享用。就算室外温度低到零下五十华氏度*，冻到脚趾头都没了知觉，还是要点冷面才行。只有少了热汤，才能品尝到面条恰到好处的嚼劲与荞麦的芬芳。

“过程决定一切。”赖立先生如是说，也一语道破了日本人的核心精神。

坐在我旁边的年轻人顶着一颗刺猬头，是一位来自札幌的流行歌手。他对此点了点头以示赞同，并补了一句：“一旦吃过这里的食物，

* 约为零下 45 摄氏度。——编注

赖立将结合荞麦面和水的过程转化为表演艺术。

你就回不去了。”这句话，实则为北海道下了最中肯的定义。

北海道的昔日并不怎么吸引人，那是一段充满忽视与镇压、流离失所与歧视、弃儿与游民的历史。有人将北海道比作美国西部荒野，而两者之间的相似之处的确不难推断——除了政府人谋不臧，还有许多无处可去的失志之人跟士族后代大举移居至此且成了化外之民，这也给本地原住民的生活带来不少阴影。

翻阅历史记载，以前北海道被称为“虾夷”，这里的主要居民阿伊努人被认为是绳纹人的后代，有着游牧民族的习性，深信万物皆有灵。阿伊努人本来与日本人几乎没有往来，直到1605年，德川幕府向盘踞于北海道南部的松前藩下赐了与“北方蛮人”往来贸易的特权，状况才有所改变。

通过以物易物的方式，阿伊努人用日本其余地方没有的鱼类、海带及毛皮，换来家乡缺少的稻米、清酒跟各式工具。然而松前藩在交易之外却变本加厉，不仅限制阿伊努人的行动范围，不让他们离开领土一步，更禁止阿伊努人与他人交易，以武力确立自己的垄断地位，还破坏当地文化，动辄残杀阿伊努人领袖。

尽管阿伊努人与日本人之间的贸易往来渐趋频繁，但虾夷依旧自成一方天地，直到明治维新如火如荼地展开之时才被正式纳入日本治下。1869年，新政府将虾夷改名北海道，积极鼓吹移民，主要原因之一便是想建立一道屏障，阻挡北方对日本领土虎视眈眈的俄国势力。

随着北海道的地位愈显重要，日本政府也意识到过于独特的阿伊努文化可能会为好不容易统一的本州岛带来变数，因此开始厉行压迫政策，全面禁止阿伊努人使用阿伊努语，扼杀其宗教习俗，还逼迫他们融入日本人的生活方式。零星散布于北海道南部各处的阿伊努人部落虽然强撑了过来，家乡却早已不归一族独有。直到 2008 年，日本政府才正式承认阿伊努人“为一原生民族，有其独特语言、宗教与文化”。如今北海道约有两万五千名阿伊努人，靠着观光收入和政府补助，试着复兴在漫长岁月中一度失去的传统与习俗。

正如《权力的游戏》（*Game of Thrones*）中负责守护绝境长城的净是盗贼恶棍，早期定居在北海道的日本人也都是社会边缘人，比方说前罪犯、私生子或没落士族。他们在这片北方大地找到一丝曙光，希望能摆脱不堪的过去重新来过，而新设立的北海道行政机关对此也乐见其成，欢迎他们的到来。

“二战”后，原先占有中国东北的日本人被大量遣返，北海道因而又增加了许多形形色色、想在这日本北方边陲开始人生第二春的新面孔。1971 年，日本政府决心强化北海道与本国其他土地的联系，于是着手实施一项充满野心的隧道建造计划，也从此彻底改变了这片北方陆地的未来。

青函隧道是全世界最深、最长的海底隧道，就算以时速一百四十公里前进，也得花上二十二分钟才能走完全程。海底隧道另一头的函馆，不仅是北海道的门户，有一段时期也是日本历史上少数能与外界交流的出入口。1854 年美国海军准将佩里（Matthew Perry）强行要求日本打开国门，而函馆便是随后开放的两处港口之一，亦是让漂洋过海而来的美国或俄国船只能够停泊的日本最前线。在札幌尚未兴起，1934 年的函馆大火尚未燃起之前，函馆是北海道最重要的城市，往昔荣景至今犹存——开阔的海港、整齐鲜亮的仓库、行经元町山边东正教砖石结构教堂的缆车，以及位于城南的欧洲风五芒星形城池“五棱郭”。夜晚登上函馆山，放眼望去，能看见形如沙漏的函馆市区闪烁着璀璨的光芒，以及捕捞乌贼的船只那白亮的灯火随着海面起伏。

不过，最能体现当今函馆傲人之处的，是中央车站周边沿着人行道大肆陈列新鲜渔获的早市，让人恍如置身于能一饱口福的水族馆，也将日本渔业的无限活力展露无遗。

北海道可以说是全世界高档寿司文化的零场域。岛屿四周的冷冽海水长年孕育着日本顶级的海鲜，除了毛蟹、鲑鱼、扇贝、乌贼，当然也少不了海胆。任何背负着“北海道”之名的渔产都会被视为市场里的高级品，即便身价不菲，来自全球的一流寿司师傅仍会心甘情愿地买单。

北海道渔获的大部分都会被送至东京筑地市场，在经过拍卖与分装后分别运往日本其他县市乃至全球各地。然而这座北方岛屿还是保留了一些好东西给自家人，其中多数便都集中于函馆市内这处进深长达两百米的市场。

只见充满海洋精华的鱼虾蟹贝散发着芬芳，告诉你就是要现买现吃才最美味——带有紫色尖刺的活海胆堆积成山，可用剪刀剪开后以筷子刮下食用；带壳扇贝以喷火枪炙烤到边缘焦黑，里头的汁液鲜浓而甘美。若是愿意花点小钱，市场某处总能找到年轻鱼贩直接挖一匙生鲜鲑鱼卵送到你嘴里。

毕竟，这里可是日本。每个人都分辨得出昨天的扇贝和今天的有何不同，而新鲜是无法造假的。但日本在追求极致生猛的这条路上，有时候却难免有些过火。在早市中央有座装满活蹦乱跳的乌贼的巨大水槽，旁边还摆着几根钓竿。我付了五百日元，将钓线甩入水里，就在我拼了命想钓起水槽里这些不停扭动的头足纲生物时，旁边一群围观的中国观光客不停地用中文为我打气。好不容易将乌贼拖出水槽后，它对着周围的观众喷出大量的水柱，反倒让这些人更加情绪激昂。乌贼随即被鱼贩往砧板一丢，在一名神情严肃的男子手里的长刀之下，活生生地被片成一盘刺身，连肉身都还来不及停止颤动，乌贼的肉质又甜又软。触手依然蠕动着想找到安身之所，让我费了好一番功夫才有办法把它们吞下肚。

和在日本其他各地时一样，这次的经验让人感到温馨且印象深刻，却也同样教人无所适从。难怪当地人其实不常逛这类市场——他们宁愿到一个没有多金的上海人在旁叫好的地方享用乌贼。我随即就发现，真正让当地人趋之若鹜的是“丼饭”，也可简称作“丼”，代表着“碗”的意思。这个名称涵盖了各式各样在饭上铺满美味食材的盖饭：以鸡蛋搭配鸡肉的“亲子丼”，摆有烤鳗鱼的“鳗丼”或是塞满天妇罗的“天丼”等等。这些“丼”固然好吃，然而对你我，以及天下所有有血有肉的人来说，在碗里装满如彩虹般缤纷的丰富海味的“海鲜丼”才是梦寐以求的。温热米饭、清凉刺身，配上一小块芥末，再淋上少许酱油，就像在品尝寿司，只不过相较之下少了几分矫饰，价格还不贵。

“Kikuyo 食堂本店”能提供三十多种海鲜丼，其中网罗了海胆、鲑鱼、鲑鱼卵、鹌鹑蛋和鳄梨的丼饭更是精彩得像万花筒。我为自己点了心目中的“北海道英雄特选”——满满一碗中，集结了扇贝、鲑鱼卵、蟹肉和海胆四位豪杰。如果声称一道看似如此平凡的丼饭能改变人生，或许的确有些言过其实，但随着一颗颗鱼卵在嘴里迸裂出香甜的海洋气息，满盈着甜味的扇贝入口即化，以及海胆如干酪般融化，我感觉自己的内心感受到了惊天动地的激荡与震撼。

接下来的几天，不论是在太阳与鱼群还在酣睡的早上七点，还是当地劳动大军继续努力打起精神撑过一天的下午两点，抑或是店员在旁坐立不安地想确认我到底吃够了没有的晚上十一点，我除了丼饭，其他一概不碰。假如我到日本只能在唯一一个地区单吃一种食物，那我的选择一定就是到函馆吃丼饭。我是认真的。

如果你的目标是海胆，就一定要走一遭“海胆屋 Murakami”。店家至今已传承至第五代，他们代代全心奉献给高级海胆，供应将许多将巧思加诸海胆的料理，比方说将海胆以酱油稍加腌渍后卷进柔软的玉子烧，然后与乌冬面结合，有如远东版的培根蛋面（carbonara）。然而其他所有让你眼花缭乱的“丼”都比不上最值得注意的这一碗——于热饭上摆满二十四块舌状海胆，加上一点青绿芥末，就好比在丼里撑开点缀着绿叶的橙色雨伞，一登场便征服所有其他料理。

若要说哪里的海胆比函馆还知名，那便是小樽。这座如诗如画的海港小镇位于北海道西岸，距离札幌搭电车大概要三十分钟。据说昔日小樽附近海洋渔产资源丰富，人们甚至徒手便能抓到鱼。这里曾是北海道最富裕的城镇，捕捞到的大量鲱鱼可以加工成肥料，人们因此靠着兴盛的鲱鱼产业过着富足的日子。如今小樽各处山丘上仍可看到许多“鲱鱼楼”，即19世纪时富有的鲱鱼经营者所留下的住家兼鲱鱼处理中心，然而这些楼里早已多年不见人影。

壮观的运河贯穿市中心，两旁的数十间寿司店为一日游观光客所提供的套餐内容几乎大同小异，都在两千日元上下。但在成排餐厅之外，若穿过拱廊商店街，走进窄巷，经过一栋栋木头小屋，便可看到“寿司屋 · 高大”坐镇于此，它可说是完全颠覆了目前日本大部分地区千篇一律的寿司文化。

严格说起来，“高大”算是一间“屋台”，也就是路边摊，同时很容易让人一个不小心就把店面错看成一只衣柜，或是一个拥挤的沙丁鱼罐头。顾客站在吧台前肩贴着肩，对着玻璃柜不断指指点点，而陈列有如此缤纷的海鲜品种的展示柜，在日本或许独此一家。这等温馨的混乱场景正是出自二十八岁的真田高大之手。作为店主，他不仅热情健谈，脸上总是挂着微笑，个性亦十分谦虚。

“我其实一直都想当个发型设计师。”高大先生一边用手拂过如台球般光亮的头顶，一边大笑，“但我接着又想，哪种工作等我老了做起来会显得比较酷？我得到的结论是，切鱼应该会比剪头发更酷，所以现在我才在这里。”

他切下鱼肉捏成形，再将一贯贯寿司越过玻璃柜递给客人，同时不忘谈天说地：“我想创造一个有趣、开心的空间，为年轻人提供回转寿司以外的选择。对我来说最棒的事就是，当吧台前挤满客人的时候，

函馆早市展示了来自北海道汪洋的海鲜奇观。

かにみそ
たら子
北海道の昆布味
明太子
石狩漬
黄金松前

有个高中生走进来点餐。”

此时，结伴从东京前来的三个年轻人拉开玻璃门并拨开门帘进入店里。

“我们试过要订位。”其中一人看着拥挤的店内开口说道。

“这里不接受订位。”高大先生说。

“好吧，反正现在我们来了。”

“欢迎光临，不过你们得等一下。”

整间店也许空间狭小、气氛轻松，但端上来的寿司可一点都不含糊。我将一切交由高大先生决定，看着他以一贯贯寿司引领我见识北海道丰饶渔获的精华——以酱油腌渍二十分钟的青花鱼（高大先生表示“在东京得腌上三小时的青花鱼，这里只需二十分钟”），在冷冽海水中为了御寒而油脂饱满的鲑鱼，柔软得没等我咀嚼就在口中融化的扇贝，以及温热松软的米饭上堆满的饱满毛蟹肉。每一道都叫人回味无穷，让我从此不管到哪家店，都认定要能达到这般风味才称得上好吃。

东京三青年组终于在吧台前找到位子，且似乎十分中意这样的体验。其中一人对我说：“真希望东京也有这种店。”一旁的高大先生听了，整张脸马上像灯塔一样散发出喜悦的光芒。

我们最后以肥厚的海胆作结，那抖动的模样好似焦糖布丁，而其绵软的口感与鲜甜滋味跟甜点比起来也是毫不逊色。如此具有震撼力的收尾，算是我在日本最棒的寿司体验之一，更别提价格还只有东京知名餐厅的五分之一了。

“你看看这间店。就是因为我没请员工，加上空间又小，所以才经得起使用最上等的食材。”

“渔获大部分都是产自小樽的吗？”我问。

“不，不完全是。这说起来很复杂。”

我却不依不饶地硬要他把复杂的部分也说给我听。

“明天我带你去找渔夫，你到时候就明白了。”

相较于小樽过去盛产鲱鱼时的富裕年代，今日渔夫的处境就显得窘迫多了，他们大多数住在位于市中心北面的木头小屋内。我和高大先生隔天清晨在这里碰面，走到一间像是某人家车库的地方，轻轻敲了敲门。

来应门的是个身穿深色V领毛衣的壮汉。“你们想干什么？不知道我因为什么出名吗？”

我使劲挤出当下自认为最得体的回应：“请问您因为什么而出名？”

“因为我是个疯子。”

“疯子？是指晚上很疯？”

“不，晚上我可是个绅士。我是指在海上，没有人比出海的我更疯了。我只有今天不出门捕鱼，改让我儿子去。”

Masao先生看上去就像电影里跟动作明星尚格·云顿（Jean-Claude Van Damme）较劲的恶棍，不仅体格魁梧、脸上带疤，帅气中还透出几分杀气。小樽的渔夫约有七十五人，世世代代在这片海域捕鱼，而他虽然没有具体名分，实质上正是这群人的领袖。他住在一间杂乱的棚屋里，屋后还停着两艘汽艇，整体看起来更像是一处避难所，仿佛

北海道的海鲜至今仍是日本第一，但过度捕捞却使得前景堪虑。

可以让他带着一票手下在这里避避风头。

相较于缓慢的举止，Masao 先生抽烟的速度倒是很快，而且从头抽到尾。“不好意思，我这里没什么好招待的。”他伸手向冷冻柜一探，拿出一条用薄膜包起的章鱼触手，大约有身形短小的人的手臂那么长。他撕开薄膜，用随身小折刀将触手切成硬币般的圆形厚片，接着往两只碟子各添上一抹芥末跟酱油，最后再把这些在一叠旧报纸上摆好。

“早餐上桌喽…！”

在他身后能看见一个巨大冷藏柜，我原本猜想里头应该塞满了鱼，但当他打开的时候才发现，除了好几百罐 BOSS 咖啡，其他什么都没有。这些小小的黑色罐子上印有抽着烟斗的 BOSS 图案，现实中的广告是由汤米·李·琼斯（Tommy Lee Jones）代言的。

我们坐了下来，在烟雾缭绕中一面咀嚼着冷冻章鱼，一面啜饮罐装咖啡。据 Masao 先生所言，对渔夫来说，一天下来最重要的时刻就是将捕获的一切带回老巢。历史上，小樽渔获丰富多样且随季节而变化，夏季捕鲑鱼，秋季抓鲱鱼，到了春季则是章鱼和海胆。但近年来，他们还能靠捕捞维生就已经算是走运了。

“一年一年过去，抓到的鱼也越来越少。在我年轻的时候，鲱鱼供应量其实就减少很多了，而今年我们的收获只有去年的三分之一。”

就在我们用餐时，住在附近的一名渔夫走了进来。这名留着长发、穿着橡胶围裙的矮小男子进门后打开冷藏柜抓起一罐咖啡：“没赚、没赚、没赚。今天的鱼也就够用来煮一顿晚饭。”

“今年的夏天比以往更热，严重影响到渔获供应，”Masao 先生说，

“海里的有益菌跟微生物不够多，加上海带少了，鱼产卵的地方也就少了。整个平衡已经被打乱了。”

日本饮食文化有许多值得赞叹之处，其中却不包含资源管理这一点。全天下都知道日本人是海鲜的重度消费者，无论成年男女还是小孩，平均每人每年要消耗五十五公斤的渔获，超出全球平均值的三倍。在战后经济恢复阶段，蛋白质来源匮乏，因此当时的国家政策便是鼓励大量捕捞鱼类，却也造成现今渔夫没鱼可捕的窘境。

环保人士为此大声疾呼，想在物种存续与日本的捕鱼习惯之间找到平衡点，但长期以来得不到舆论的重视，就连消费者也置若罔闻。在诸如捕鲸、过度捕捞金枪鱼，以及不放过任何漏网之鱼的破坏性捕鱼等复杂问题的核心，存在着一个极为简单的理由，让改革人士无法有所行动：一切都是传统。的确，日本千百年来高度仰赖海洋资源养活这个国家，然而日渐稠密的人口加上便利店与回转寿司的兴起，不断扩张的饮食习惯已经让资源面临极限。

上述议题牵扯范围甚广，对外国人而言算是应极力避讳的文化雷区。但我总忍不住去想，假如日本对生态系统的保护也能像他们对传统文化的保护那般用心，这个国家渔业的未来便不至于这般严峻。Masao 先生就似乎困在中间：一方面敬重传统，另一方面又得靠捕鱼养家糊口。不过，他很明白当下必须设法适应今日的这些限制。

又有一名渔夫走进来，夸张地把两只活虾往桌上一扔，说道：“老大圣明，小的今天就抓到这些。”Masao 先生于是又点了一支烟。

“我们捕鱼捕过头了，应该在更早之前就要做出改变才对。老一辈的想捕多少就捕多少，尤其那些没儿子的更加肆无忌惮。如今我们正在为后果付出代价。”

身为人父的Masao先生正说着，他的小儿子两手空空地进屋来了：“本来抓到一只，但给溜了。”他同样抓起一罐咖啡，并点燃香烟。

这时，一名体格壮硕、发色深红、胡子拉碴的男子从后门出现，正是Masao先生的大儿子。他在我们面前将手上的塑料袋打开并摇了摇，一只触手大概有两英尺长的橙色章鱼就这么掉到了水泥地板上，不停地扭着移动。

“要是空手回家，我都不敢想象老爸会对我做出什么事。”他用力踢了章鱼一脚，这才抬起头并注意到我：“这外国人谁带来的？”众人听了哄堂大笑。

没过多久，屋子里所有人都开始一边抽烟、吃章鱼，一边喝着黑色罐装咖啡。

“美国有渔夫吗？”大儿子问。

“有啊，”回话的是小儿子，“美国渔夫看起来都很酷。”

接着话题转到了帝王蟹，我便跟他们提起我哥哥曾经在阿拉斯加的捕蟹船上工作，还因此赚了不少钱的事。听完之后，在场渔夫突然个个都准备好要转移阵地到阿拉斯加了。

“如果大家都要去，那我也要去。”小儿子说。

“你们每个人最好都买个保险。”Masao先生又点燃一根香烟并说道，“我会留在这里，等你们出事的时候负责领保险金。”

明治维新初期，日本新政府推行的一系列措施可以说是完全改变了国家日后的走向与文化发展。在经历了一百八十年的锁国时期之后，新日本的政治领袖为了让国家在短时间内迈向现代化，聘请了许多来自外国的专家来加快日本跟上世界的脚步。

而这也是威廉·S. 克拉克（William S. Clark）这名出生于美国麻省的乡村医师之子会来到札幌，并建立北海道第一所农学校的缘起。克拉克在学界声名显赫，他除了在德国拿到矿物学博士学位，还是阿默斯特学院（Amherst College）鼎鼎有名的教授，指导领域涵盖了化学、动物学与植物学。南北战争期间，他大力支持北方联邦，还向学校请假从军，战争期间带过一个团。克拉克的英勇赢得时人的称赞，以及无数士兵忠心跟随。他在新伯尔尼战役中以宛如驾驭一匹钢铁战马之姿跨坐于南方邦联的一门大炮上，鼓舞下属前进并占领敌方阵营的事迹，亦足以让他成为不朽的传奇。战功彪炳、学识渊博，再加上一把浓密的大胡子，如果要选出 19 世纪最有意思的人物，克拉克绝对是有力的人选。

1876 年春，他到达北海道后就立刻着手办正事，仅用一个月就建成了“札幌农学校”。他将新作物引进北海道，并且开课讲授西方农业技术、畜牧业，以及基督教。克拉克深受北海道开拓使黑田清隆的信赖，因此也提供从渔业管理到纺织业建构等多领域的咨询服务。

不过，就在短短八个月后，他便奉命返回美国。替他送行的学生们于是骑马随行，一路来到札幌近郊，而最后这场师生离别，也注定将激励后世无数代的日本人。克拉克掉过头来，向这群北海道年轻人

送上临别赠言 :“少年们，要胸怀大志！（Boys，be ambitious！）”

如今北海道随处可见克拉克的塑像，而他与学生道别的话语不仅被铭刻在政府建筑上，亦通过漫画与流行音乐的渲染而在不知不觉中影响了日本文化。

北海道人至今依然不曾忘却这段话所传递的讯息。在那场十分戏剧化的离别之后，他们不断地努力证明，北海道不只是一座岛屿，更体现了一种“理念”——有别于本州岛、关东或九州岛，此地自成系统、有着独自的生活准则。在历经数百年来的进步与发展之后，北海道仍恍如与世俗隔绝的新天地，人们可以来此改头换面、重新来过，不受其余社会“从众随俗”的不成文规矩所宰制，在这里尽情展现自我，留下南方陆地所不容的存在证明。不论是那些想要尽情呼吸新鲜空气、远离都市喧嚣的人，或拥有不足为外人道的秘密的人，抑或不愿受限于禁锢着日本大部分社会的历史枷锁与传统窠臼的人，北海道正是他们心之所向，一块自始至终代表着自由开拓的新疆土。

对于这种拓荒精神，曾我贵彦比任何人都体会更深。他出生于长野县山区，是第二代酿酒师。虽然和哥哥一同继承了家族的酿酒厂，但他很快就意识到，自己需要独立的空间来酿制出心目中的酒。“我意识到的第一点，就是和亲哥哥共同经营酒厂实在不是个好主意。我们兄弟俩需要保持点距离，所以我就到北海道来了。”

占地十英亩的曾我酒庄坐落于余市郊外绵延起伏的丘陵上，离海岸约有三英里。在山陵顶端，可以看见无数面代表北海道的北辰旗在掠过海面而来的微风中飘扬。

日本酒品销量自1980年代起有所增长。当时，日本人开始追求外国文化，随着经济繁荣而日益奢侈的消费习惯也让人们有机会品尝到来自法国勃艮第和意大利巴罗洛的美酒。与此同时，日本国内酿酒产业也逐渐蓬勃，以距离曾我先生出生地不远的山梨县为中心，从最北边一路到南方的九州岛底端，不断扩展版图。而事实证明，北海道是一个极具潜力的酿酒天堂。除了地形与天候的优势，这里的酿酒师也有更多的地理空间和心灵余裕来照顾跟改良酿制的成果。

然而曾我先生表示，同行中也并非所有人都走出了自己的路。有太多日本酒厂盲目模仿加州和法国的做法，完全没有考虑到土壤等条件的不同，也没想过自家人会用什么食物来配酒。“我们应该酿出能衬托日本食材美味的酒。日本料理讲求的天然甘鲜，与深色重口味的酒并不搭调。”

因此曾我先生另辟蹊径，改走天然酿造路线，酿出口味较淡、属小众风格的酒。这一酿造法不仅更符合环境因素，成品也比较合乎日本人的喜好。他尝试了多达一百种的野生酵母，不惜延长发酵时间，以求酿成的酒能传达产地独有的风土特征。“我想让客人每一口都尝得到来自北海道的味道。”他说。

当我们在酒窖内坐下来，一边谈话与试饮，一边沉浸于深度发酵所散发出的潮湿气味，便不难领略他的话中之意。像曾我先生这样深信风土对于酿酒的重要性并加以宣扬的人们，多半都将酿酒视为艺术而非科学，是一门需要投注灵魂、技术，以及需要全心钻研的工艺。他脑子里满是与酒有关的宏大想法，并时常诉诸隐喻与类比来让自身论点更加打动人心。在我们刚见面的头一个小时，他便接连将酒比作汉堡、泡菜、海带、味噌、洋葱圈，甚至是拉面。“你在熬制豚骨面汤头时就算使用了最上等的海带，如果汤头味道过于浓厚，也会掩盖掉海带的风味。但若是盐味面汤头的话，就能尝出每种食材的味道。我希望自己酿出来的酒能像盐味拉面一样，而不是豚骨拉面。”

曾我先生再三确认我是否理解这座酒庄并不是一间营利公司，而他更不是一位生意人，我顺势问他雇用了多少员工？他举起双手，用并拢的手指比了一个大大的“0”。

“既然要做，我就一定要亲自参与每个制作步骤。”他一手包办所有酿酒工序，采摘葡萄、碾碎、注种、发酵、熟成、装瓶，全都亲力亲为，连每样产品的卷标都是他自己设计的。很难想象如此忙碌的曾我先生一天能有多少休息时间，但至少这份鞠躬尽瘁的精神的确得到了相应的回报——曾我先生酿制的酒总是在酿制完成前好几个月就预售一空，这也让他成为岛上名副其实的酿酒教主。

“想做个职人的话，北海道会是个好选择。”

这句话，斋藤爱三多半会表示同意。他将人生奉献给了生产小量而高质量的干酪，在二世谷至小樽间的双车道公路旁的木制摊位进行销售。斋藤先生为了习得制造技术，曾在北海道的干酪制造商“共动学舍”当了五年学徒。这间公司不仅在当地十分出名，同时也是催生岛上干酪文化快速普及的先驱。

2007 年，他开设了“Takara 起司工房”，与在“共动学舍”结识的妻子一同经营，他的哥哥则负责照顾牧场的牛。

如同众多在北海道创业的年轻人一样，斋藤先生并非出生在这北方岛屿。十多年前他在本州岛遭遇人生瓶颈，想着借机尝试全新的事物，才从新潟搬到了这里。

“在本州岛，一百年根本不算什么。然而这里的历史相较之下短了许多，所以传统不会给你多少压力，我们反倒多了不少自由发挥的空间。”

然而只有一项北海道传统让斋藤先生决定遵从：“几千年前，这里是阿伊努人的岛屿，而我们希望能对此表示尊重。”因此他以阿伊努语为干酪命名，来向深植于这片大地的阿伊努文化奉上敬意。比方说“retara”，阿伊努语的意思是“白色”，这种产品的质地新鲜而柔软，近似意大利里科塔干酪（ricotta）或法式白干酪（fromage blanc）。另一种口感扎实、富有果仁香气与草香余韵的产品，在阿伊努语里则有“觉醒的春天”之意。

由于我对阿伊努语实在没辙，便忍不住把眼前的干酪都与我熟悉的欧系干酪联系起来，例如瑞士格鲁耶尔（Gruyère）、法国卡蒙贝尔（Camembert），以及意大利斯卡莫扎（Scamorza）干酪，一旁的斋藤先生听了自然是一脸错愕。

“的确，我的产品受到不少法国、意大利和美国做法的启发，但不论是使用的食材还是我们这些制作者，全都来自北海道，所以这应当是属于北海道的干酪。这些产品目前还达不到世界级水平，但每年都有进步。总有一天，我们会成为世界一流的。”

回头再看斋藤先生为工房起的名字，着实与此般抱负相互辉映。

在阿伊努语里，“Takara”正是“实现梦想”的意思。

如果说北海道的干酪和酿酒事业仍处于发酵阶段，那么此地的面包文化则是早已“烤出”十足的芬芳。

面包店“Aigues Vives”伫立于小樽沿岸能饱览日本海风光的悬崖之上。店主丹野隆善将自家住房的一部分改建成店面，并铺设了石阶，引导顾客穿过树林抵达店门口。

丹野先生邀我去后面看他的烤箱。这依然以木柴为热源的古老设备是从法国原装进口的。当下时间是早上十点，正是开始烘烤第二批面包的时候。他将大块枫木丢进火中，再依烘焙时间长短将待烤的面包与糕点摆进烤箱：首先是乡村圆面包，然后是加进大量坚果与干果的条状面包，最后是十几个半月形的紫色覆盆子可颂，上头还装饰着白巧克力碎片。

十五年前，丹野先生与太太同游法国之际，对当地的面包文化一见钟情。六个月下来，他以碳水化合物和心中逐步成熟的梦想为动力，到处寻访观察就他所知最顶尖的面包师傅，一面记下重点一面拍照。归国后，他开始尝试把在西方见识到的一切再现：“我做了很多面包。很多很多失败的面包。”

在日本饮食文化界，厨师、农夫，乃至于政客，都把丹野先生这类人视为眼中钉。在他们眼里，丹野先生就是在支持把以稻米为主的日本饮食习惯导向以小麦为主，而这般饮食形态的转变让他们感到相当不安：日本家庭花在面包上的钱于 2011 年首度超越人们花在米饭上的钱。早在战后经济恢复阶段，这股小麦逐渐取代大米的趋势便已在美日政府双方的推动下持续高涨，但业界的某些角落却在2011年才突然拉响警报，从而引发关注。从不少料理人、食品制造商和政治人物的角度来说，这不单是国内饮食结构的改变而已，这根本是对国家身份认同的一种羞辱。

然而丹野先生本人并不懂这等大惊小怪从何而来。你若是像他一样投注大量时间与心力在面包上，应该也会跟他抱持相同见解："既然米饭跟面包可以兼得，又何必一定要二选一？"

他所说的，可不是大多数日本人平常吃的那种又软又塌的量产品，而是每天早上从自家烤箱中出炉、令人百般赞叹的面包和糕点——面包皮又厚又脆，面包心口感柔软且隐含些许酵母的酸味，更反映出丹野先生对理想的极致追求：他已几近着魔。

这一切却不仅止于法国烤炉和法式技巧。面粉（至少有一部分）与酵头都产自法国，停在室外碎石子地面上的车也都是法国品牌。当我从后面的烤炉走回柜台，经过厨房时忍不住停下来仔细观察了一番：有酷彩（Le Creuset）的珐琅平底锅、铸铁炉具，还有一罐罐果酱和蜜饯。进入这间厨房就好比走进了未来时代的博物馆，它将20世纪法国的乡间厨房风景重现于此。

"我们不只是想打造一间烘焙坊，而是要塑造出一种新的氛围。这也是我们为什么会选择来到北海道的原因。人们有好长一段时间不曾把北海道跟美食联系在一起，但现在这一切正在慢慢改变。"

光是在如此偏远的海边找到这么一家店，已经够让人匪夷所思的了，但丹野一家却不是这附近唯一还在使用烧柴烤炉的人。

丹野隆善将面团摆好，准备放进店里的烧柴烤炉里烘烤。

来到“Boulangerie Jin”，你同样会看到一间乡野小屋，屋前堆着枫木柴，屋后是柴火熊熊的烤炉，旁边还停了一辆闪亮的标致牌轿车。小屋内，一对夫妇正在合力制作外皮香脆的长棍面包，而他们家的可颂则是我迄今为止吃过的可颂中数一数二的美味。几年来常有人想代理他们的面包，用更高的价格卖给那些渴求碳水化合物与热量的二世谷滑雪客，但这对夫妇并不想赚更多的钱，也不想随便让陌生人销售自己的商品，更没有想过要提高知名度（老板娘一看见我拿出笔记本，随即闭口不谈了）。

与“Takara 起司工房”相隔大约几百码的同一条路上，另一家面包店“So-keshu”的讲究程度与前面提到的两家店相比亦是不遑多让。一样的法式小屋、法国烤炉及法国进口车，唯一不同的是，这里的店主今野佑介使用百分之百北海道产的面粉。又高又瘦、戴着圆框眼镜，头上紧紧绑了条布巾的今野先生对此表示：“这是理所当然的。”

无论是乡村面包、长棍或者金黄松脆的可颂，各式经典法式面包在他的巧手之下美味度都更上层楼。不过今野先生偶尔也会想出一些稀奇古怪的点子来丰富他的作品。“北海道没有像东京和京都那么根深蒂固的文化背景，这也让我们有机会能够进行各种实验。”近来，他一直嚷着要转换跑道，改走质地紧密厚实的德国面包路线。“这下我或许需要买一辆‘奥迪’了。”

现在，我们就来研究一下这些事项：各自独立、互不相属的这三家面包店，店主都拥有法产汽车，都有纯手工打造的烧柴烤炉，也都打扮得像是普罗旺斯制作橘子酱的职人。有着如此众多共通之处的面包店竟然还恰好都位于北海道这个全日本人口密度最低的岛屿？如此偶然的概率可说是微乎其微。

但这三家店并不仅仅是面包店，还体现了更为宏大的理念——每个细节都是重点。烤炉的热源、面粉种类，以及酵头的新旧等，的确是决定每天面包风味的最基本的要素，但就在光靠味觉与体感无法触及的某个深层，任何小细节都可能让一切变得与众不同，不论是拥有一辆“标致”汽车，还是穿着法国乡间妇人的工作服，或是不只看似而是真正仿效法国当地器具与作风的厨房。

他们都是千里迢迢来到北海道，这也是重点。这里空气清新、蓝天无际，令人感觉每件事都多了那么一点点可能性。

一切都至关重要。

即便你来北海道就是为了在原野与大自然中浑然忘我，每当回到札幌这样的城市，也还是会感到几分欣慰。占地面积广大的红灯区、热闹的拱廊商店街、充斥四周的面店与寿司屋，无一不叫人倍感熟悉。然而除此之外，札幌还坐拥宽阔大道、丰富绿意，以及西式建筑，是你在日本其他城市皆难以目睹的光景。

谈到吃，很少有城市比得过札幌。早市随处可见梦幻丼饭；市中心散布着使用北海道当地新鲜食材料理的精致串烧店、天妇罗店及高档料理店；若是来到据说是味噌拉面发源地的“拉面胡同”，则有数十家小型面店在这幽黑窄巷里为客人提供热腾腾的浓郁拉面。

然而，今晚我的目标并不是拉面、刺身、红酒或干酪。滞留在北海道的最后一晚的深夜时分，我追寻着“成吉思汗”——札幌饮食文化中最让人意想不到的必尝美食。具体来说，它是将羊肉在圆顶状的金属盘上烧烤，后因烤盘形似蒙古大军的头盔而得名。据传，在以前北海道人圈养绵羊用作日本军服原料的时期，人们认为蒙古军队会用盾牌和圆盔来炙烤羊肉，这道菜便是从这一观念衍生出来的菜色。时至今日，已有数十间成吉思汗烤肉连锁店分布在北海道的这座大都市里。

可供十五人就座的“达摩本店”位于薄野的一条小巷内——这一代是札幌最欢腾的红灯区，在东京以北堪称规模最大。用餐客人坐在吧台前，看着面容严肃、头绑布巾的妇人在一个个圆顶形烤盘下摆满燃烧的木炭，再拿起一块羊脂涂抹满整个烤盘。接着，她把以酱油和姜腌渍的薄肉片铺在冒着热烟的黑色烤盘圆顶部，洋葱则摆放在铁盘边缘，如此一来洋葱便能充分吸收沿弧线奔流而下的肉汁。妇人递过夹子让我自己来，同时狐疑地看着我如何驱使自认无愧于蒙古战士之名的技巧，把羊肉煎烤至恰到好处的焦色。

在我身旁坐着一位来自日本东北地区北部的和牛养殖业者，他每隔几个月都会到北海道添购牛只。“这里的烤肉是日本第一。”他说。每次到札幌，他都会来尝尝日果威士忌、吃几顿烤羊肉。“有时候我也在想，为什么不干脆搬过来算了。”

趁着羊肉还在嗞嗞作响，我灌下一杯冰凉的札幌啤酒。这是日本历史最悠久的啤酒品牌，在明治初期由一位亲赴德国学习酿造的北海道人制出了第一号商品。店里流淌着“沙滩男孩”乐队的歌声，勉强

很难想象成吉思汗竟以羊肉烧烤的形式“征服”了北海道。

能盖过肉类在灼热烤盘上发出的大合唱。我直接用筷子从铁盘上把烤好的肉夹起来，配上旁边一两瓣煎软的洋葱，蘸着加入大蒜与辣椒的酱油一同享用。

这诚然是一场绝妙的深夜用餐体验，不过眼前的一切也让我边吃边咀嚼起一些令人在意的问题：在一个我先前从未见过任何羊的国家，成吉思汗烤肉为何能一举征服札幌人心？如此豪迈的菜色为何只有女性店员负责料理？等吃完烤肉又该怎么去除棉质衣料跟牛仔布上难缠的羊骚味？

夜色流转，烧烤味深深渗进我的衣服，啤酒则逐渐渗透到我的血液中。羊肉的腥膻味随着烟气熏得我眼睛直发疼，心中的诸多疑问却慢慢烟消云散。日本客人、美国音乐、蒙古之谜。针对这一切，说得通的答案只有一个：这就是北海道。

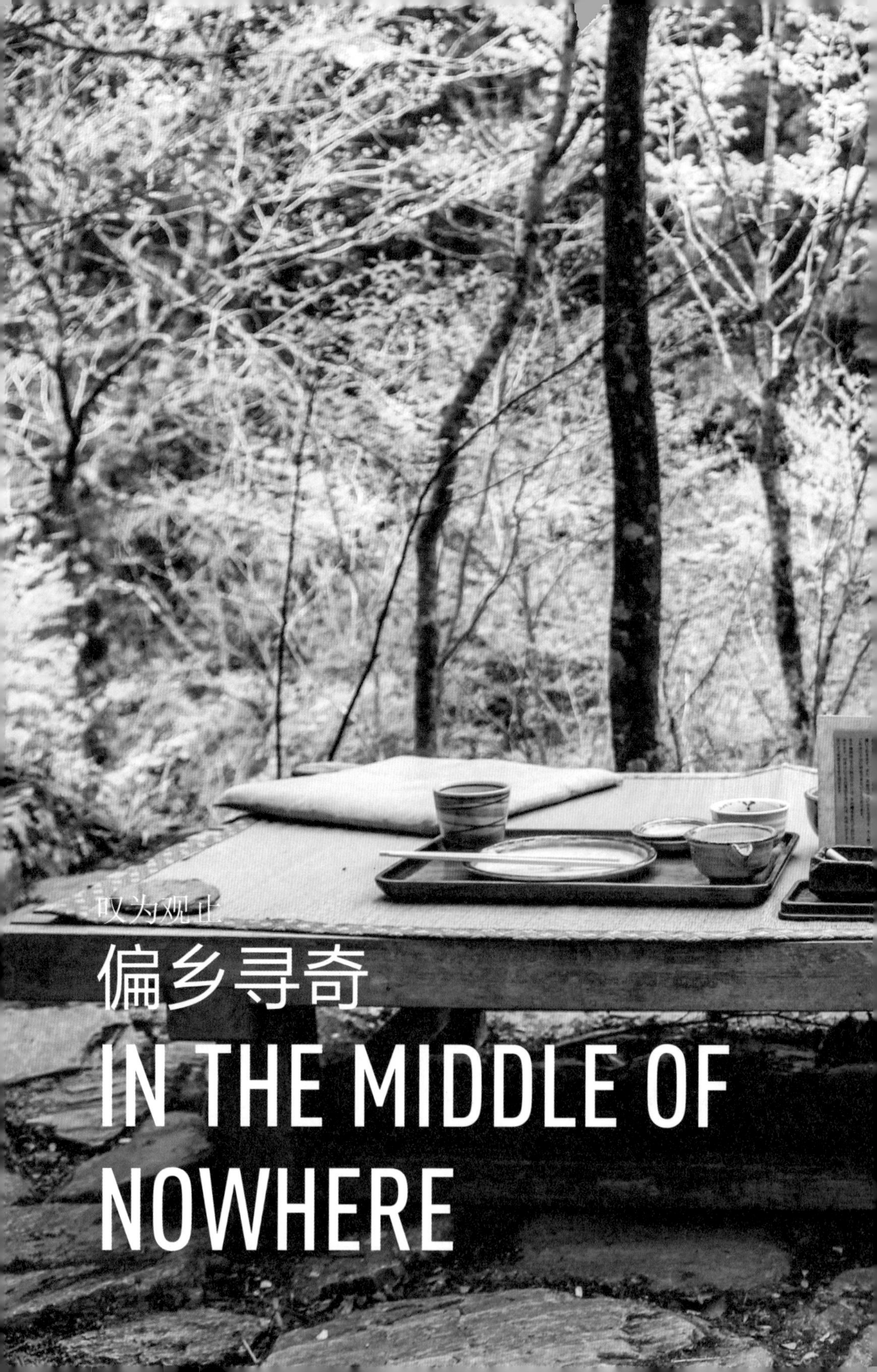

叹为观止

偏乡寻奇

IN THE MIDDLE OF NOWHERE

四国这座岛和北海道一样，都是杰出餐厅卧虎藏龙之地。其中最遗世独立、最叫人赞叹的店家莫过于荞麦面殿堂“手工荞麦·时屋”。这家店位于高知县群山深处的一条潺潺河流上方，在此享用午餐时段提供的时蔬天妇罗和美妙手打面条，感觉就像赴一场树屋中的盛宴。

能登半岛

稻田中的意式冰激凌

RICE-PADDY GELATO

在石川县能登半岛内陆地区的某处稻田之中，你会找到一间由家族经营的木结构店面“Malga Gelato”。这里专门选用取自周遭环境的风味，如能登近海海水制成的盐、附近果园的柿子、不远处小酒厂酿造日本清酒剩下的产物“米曲”，而目前最颠覆常识的口味则是以能登本地乌贼内脏为基底制成的鱼露“Ishiri”。就追求在地化来说，这也许有些过火了，但还是要感谢他们愿意挺身尝试。

Middle of
NOWHERE

北海道

柴火炙热的烘焙坊
VOLCANO BAKERY

位于北海道乡间的二世谷看起来并不像是孕育面包文化之地，然而该地区四处林立的面包工房甚至足以与巴黎一流名店互争高下。其中最特别的便属前面提过的“Boulangerie Jin”。由于地处偏远的乡村，你会不禁怀疑自己是否早就迷了路，直到目睹这栋乡野小屋与来自屋后烤箱的袅袅轻烟。店家夫妇两人曾亲赴巴黎学习烘焙手艺，如今一同制作各种派皮松脆、层次繁多的面包糕点，例如色深而紧致硬实的黑麦面包，以及散发酵母芬芳、口感丰富多变的法国长棍，让人简直想一辈子留在这里。

佐渡岛

独占一桌品尝美味

ONE-TABLE TASTING MENU

“清助”位于日本西北外海的佐渡岛，店主尾崎邦彰将自身在米其林餐厅的经验引入这间日本数一数二狭小且位置偏远的餐馆。想抵达这里，你得沿着山路蜿蜒而上，而且店里还只有一张桌子。“清助”的店面其实是尾崎一家住处的延伸，因此除了可以看到尾崎先生的妻子长伴夫侧，还会看到他的孩子们不时从厨房后面探出头来。菜色则是完美地融合了东西方特色：炙烧鰤鱼佐上柚子胡椒酱、炙烤白鲑与本地蘑菇，或是以一盘浓醇的干酪搭配滋味无可比拟的欧洲葡萄酒。

信乐町

隐秘的怀石料理
COVERT KAISEKI

在京都多家顶级怀石圣殿历经磨炼与洗礼后，古谷忠光于滋贺县的宁静小镇信乐町开设了怀石料理“尾花”，距离热闹的古都约需要一个小时车程。古谷先生从典雅的雪松木吧台后方端出的料理包括浸入浓稠芝麻酱的鲜鱼、上等方头鱼配时蔬天妇罗，以及事先用清酒、酱油跟甜料酒腌渍入味的烤鲑鱼。后者的味道令人拍案叫绝。“尾花”每日接待的客人数量或许不多，但这正是关键所在。“在这里，‘美’的层次与外界是截然不同的。”

直岛

离岛上的乌冬面

ISLAND UDON

地处濑户内海的直岛以外行人难窥堂奥的艺术而闻名，整座岛屿俨然化身一片生机勃勃的展览场地。然而除了安藤忠雄设计的美术馆、玻璃制巨大南瓜，以及新奇有趣的乡村装置艺术，你还可以在山本乌冬店 * 来碗最优质的乌冬面。店主山本先生专精于来自近邻高松市的传统乌冬面“赞岐乌冬”，他揉面时手脚并用，在面条煮好后再放进冰水中揉捏一番，让乌冬面具备只有顶尖乌冬面职人才能成就的嚼劲，自成一门艺术。

* 该店铺已于 2017 年停业。——编注

一夜体验

与上班族共饮

慢慢暖身

一开始，身穿西装的上班族才刚卸下白天的工作压力，气氛会有些紧绷，要有耐心。

恣意畅谈

酒过三巡，规矩都被抛诸脑后。想解开平时白天问了绝对会惹祸上身的疑问，就趁现在。

5pm 6pm 7pm 8pm

上司就是老大

酒不过三巡，阶级地位依然有别。点餐的决定权还是都交给上司吧。

胃口大开

鸡心和牛肚算是入门款。拿起筷子尽情吃！

三得利时光

随身带一瓶三得利威士忌，喝到兴起时派得上用场。酒伴会感谢你的。

完美收场

末班车在午夜发车，你还有三十分钟能再吃些东西垫胃。不妨来份富含碳水化合物和油脂的食物，例如拉面或日式炒面。

9am 10pm 11pm 12pm

引吭高歌

如果要唱卡拉OK，记得准备几首能跟大家同乐的歌曲。比利·乔（Billy Joel）或菲尔·柯林斯（Phil Collins）的歌是不错的选择。

随遇而安

喝高了做出点疯狂举动大家也都见怪不怪了。做好心理准备，事情随时有可能会往奇怪的方向发展。

烤鸡肉串 ON A STICK

一探鸡肉的奥妙

烤鸡肉串的迷人之处便是对单一动物全貌的细致探索。想完整体会一只鸡的丰美，就别光顾着享用白肉，试着尝尝你不熟悉的部位是何滋味与口感。

On a
STICK
鸡肾
鸡肝
卵巢
鸡胸

鸡心
鹌鹑蛋
鸡屁股
鸡肉丸子

第七章 能登

在能登的发酵界，船下智宏与船下富美子可说是近三十年来的天王与天后。能登又是全日本公认的发酵食品王国，因此这两人在这个圈子的地位也可说是君临整个国家，当然，夫妇俩并不会如此自称。船下先生做的鱼露不仅口感顺滑且十分鲜美，曾获地方政府肯定，而船下太太腌渍保存各式陆海产的手艺，更被推崇为权威中的权威。

能登半岛地处本州岛西岸，外形就像是从石川县拉出的一截多棱多角的附肢，朝着日本海延伸了三十公里。此地除了气候多变，地理风貌更是得天独厚——河川与山脉、海洋与峡谷，彼此纵横交错，织就蔚为奇观的一匹生态织锦。

从某些方面来说，能登完整地反映出日本乡野生活的风景。在这幅宁静而自给自足的风情画里，人们虔诚地遵循着神道教与佛教的传统，不需要任何告知时节的日历，生活节奏自然与四季递嬗紧密相依。即便从其他方面来看，能登依旧得天独厚——优美平静的海景与各种独特景观汇聚于这片狭小的土地。生活中的一切都能从饮食的角度进一步检视。深受发酵制品文化影响的作息，让本地人几乎每一餐都随着不同的发酵时间与菌种而有所变化。

最先定居于日本的古代绳纹人在两千多年前来到能登，以渔猎采集为生，同时带来了绵延至今的食品保存文化。他们打造出大型土锅——这也被许多专家学者认为是各地人类当中最早使用陶土器的一个分支，开始懂得煮海水提取盐。这些可以用来长期腌渍保存鱼类、蔬菜与稻米的道具，也成为他们在物产稀少的漫长严冬来临时确保粮食的生存手段。

如今的能登风貌与绳纹时代的旧容几乎没有太大差异。水稻田沿着山丘的棱线呈阶梯状向上延伸，茂密的林场与几何造型的开阔田地相互交错，小型神社如蘑菇般点缀着能登的森林。人们居住的村庄则恍如世外桃源，隐身在溪谷、山顶或海岸一隅。停好车，走出车外，深吸一口气，便能感受到无比清新的空气沁入肺部——这种味道，如同高山上的苍翠般令人舒心：微微夹杂着咸味与香甜，尾韵带着一丝自然腐物的气息。

正是这样的新鲜空气让能登得到了“发酵国度”之名。由于这里在历史上与日本别处几乎没有交流，因而发展出一套独特的生活模式，在各个方面一路延续至今。这一切多亏了能登当地丰饶的自然资源，有林木也有原野，有河川也有海洋。除此之外，此地饱含水气的空气催生了有益菌的繁殖，更是为发酵制品的发展奠定基础。

船下智宏与他父母原本居住于能登内陆。他父亲是一位护林员，母亲则是家庭主妇，因一手好厨艺而十分出名，时常负责准备村里各式重要社交活动的料理盛宴。在日本乡村的烹饪圈子里，这已经算是被赋予了相当重大的责任与地位。

一如其他许多伟大而美好的国家，日本也有集会的习惯，像是婚宴、节日或季节庆典等，其核心也都少不了料理。到了秋季欢庆丰收，人们端出烤过的坚果、地瓜和一串串白果，代表着时节的转换；待樱花绽放之际，则会一同到树下野餐赏花，在野餐垫上摆出精心调理的味噌鲑鱼、时令山蔬、色彩缤纷的便当，以及加入因腌樱花而略带粉色的大福饼，迎接生机重现的春天。

在能登的葬礼上，料理更是扮演着重要角色。为了给挚爱之人送终，葬礼所需的各种准备工作必须同时仰赖数十人，花费好几天进行。丧葬场合的仪式依循了神道教的传统，料理皆为素食，食材则是由各家妇人从自家农园或贮藏柜中拿来最好的。无论在厨房还是整个村落都备受敬重的船下智宏的母亲，每当小镇里有葬礼，都会担任料理监督人。简单地说，她必须决定如何妥善运用收集来的食材，并组织其他在场的妇女变出一道道精致素肴，如醋腌菜、豆腐料理、水煮青菜或炒鲜蔬等。

船下家在遭遇泥石流后，被迫迁居至能登海边，而后在盘绕于半岛周边的249号双向高速公路旁开设了日式民宿“三波”，为客人提供铺榻榻米的客房、烧柴加热的洗澡水跟全套的晚餐及早餐。

就在那段期间，船下智宏认识了来自能登町的富美子小姐，并与她结为夫妻。当时正值日本计算机产业刚刚起步，身为电气工程师的船下先生便转而投身程序员的工作。改姓船下的富美子小姐则是图书馆馆员，守护着与能登相关的知识，亦酷爱阅读与思考。虽然她早年就失去了母亲，此后却也得到很多时间与婆婆一起待在厨房，学习如何把临时多出来的食材利用发酵保存一整年。

在一大半的能登历史中，厨房是不允许男性进入的女性专属圣地，随意进入就相当于侵犯隐私。然而船下先生却有别于一般的能登男性，对料理及孩提时代难忘的能登老味道抱有极大兴趣。他一面观察双亲如何用料理满足来自日本各地的客人，一面想象如果是自己又会怎么做出改变。

发酵，是一门讲求掌控衰败与腐化程度的艺术。最基本的原理便是通过霉菌、酵母或细菌所产生的酵素来分解有机物质，将大量营养素如糖和蛋白质，分别转化成酒精跟氨基酸。然而发酵与腐坏之间仅有一线之隔，若能精准控制细菌的活性并加以催化，就可能无限期地延长食材的保存期限，然而若是没把握好度，一切将回天乏术。

发酵的种类繁多，而餐饮界最常见的两种便是通过乳酸与酒精。前者依赖真菌与细菌，常拿来制作大部分泡菜及发酵调味料；后者则是利用酵母，如今世界上人们所消费的成人酒饮多半就是用的此方法。

发酵是人类最早的烹调创新技术之一，可追溯至九千年前的新石器时代，当时位于今日中国大陆的各个文明已经懂得将稻米与水果制成酒。此后，在历史上你几乎找不到有哪一个兴盛的文明不以发酵作为饮食的一大核心要素。

日常生活中，大多数人都在不知不觉间消费了许多发酵制品。比如早餐喝的咖啡和酸奶，晚餐喝的小酒、尝的干酪，还有最后作为甜点的巧克力。有不少人类世界备受赞誉的食品成就，包括西班牙火腿、比利时啤酒和委内瑞拉的苦可可黑巧克力，皆是经过精密操控酵素的分解过程而诞生的副产品。

而喜爱利用发酵法的各个文化之间，也会自然而然地形成奇特的交集。举例来说，俄国和北欧都用盐巴使蔬菜保存到冬季来临；西非诸国通过发酵来中和木薯根当中的天然氰化物；南亚国家基于发酵的死鱼的料理带来独特的风味；身居安第斯高地的玻利维亚以人类唾液中的酵素将嚼过的玉米变成发酵啤酒。

这些文化多半将发酵制品当作能够长期保存的食物或者粮食储备，但日本则是将整个饮食文化奠基于乳酸与酒精发酵之上。只要有心，就能列出一长串常见的发酵食品：酱油、味噌、清酒、甜料酒、柚子胡椒酱、木鱼粉、纳豆、米醋、腌菜。可见若是少了发酵产品，日本人的厨房便会变得非常冷清。而他们之所以如此看重食物的天然鲜味并非偶然——毕竟鲜味正是发酵过程中的主要副产品。

除了利于保存这项最基本的优点，发酵制品对于消费者也有其他一系列好处。像是富含维生素B2、含有对人体有益的细菌，最重要的便是能够增添日常食材的风味与香气。

近年来，在美食界有不少主厨与内行饕客深深着迷于发酵制品，

从弗拉特民宿的餐厅望出去，可一览富山湾的美景。

一些喜欢 DIY 的人也同样跃跃欲试。然而在能登，这一切并不是因为有厨师特地去钻研如何制作靠乳酸发酵而成的胡萝卜，或是某些村民为了特定目的一起用澡盆自制红茶菌（kombucha）才流传下来的，而是因为发酵已经化为必然的生活方式，烙印于整座半岛的基因之中。

船下先生的双亲在 1982 年退休后，“三波”便由这对夫妻接手。两人对此早已做好了万全准备——长年身为图书馆馆员的船下太太有充分时间吸收所有探讨能登料理的相关知识，而由头脑灵活、意志坚定的船下先生来磨炼出一些更富挑战性的烹调技巧，亦是再合适不过。在从上一代手中承接店主之位后，他们慢慢使民宿转型成一座生动展现能登传统饮食的宝库。

能登地区的住家中最重要的空间，是“shoukeba”，即家家户户用来存放发酵制品的储藏室。规模或小如衣柜，或大如卧房，存放着一罐罐紫红梅干、一瓮瓮摩卡色的味噌和一桶桶自制酱油。多亏了船下先生的父母，他们与大多数能登家庭一样，储藏室内不虞匮乏。不过，一般家庭的厨房通常只会常备供家庭消费的基本食材，而旅店则多半致力于提供更多样的日本美食。毕竟若是只端出具有鲜明乡土特色的能登家庭料理给顾客，对当地人来说似乎有些难为情。

不过，船下夫妇对此别有看法。船下太太尽其所能善用所学知识，很快就让自家储藏室化身为包罗万象的能登物产日历。夏季来临时采收海带、梅子，把菜园的丰收成果制成色彩缤纷的腌菜；冬天则让柿子自然风干，用重石压制腌鱼，将大豆发酵成一批批深色味噌。

另一方面，船下先生一心一意地试着实现那些年观看母亲工作时所描绘的愿景。儿时的味道便是他的初衷，同时也是他担心能登正逐渐失去的传统味道，于是他决心与妻子同心协力将其发扬光大并传承下去。经过一番自我磨炼，船下先生对海鲜无所不知，为客人端上了一盘盘刀工精妙的刺身和本地鱼类料理。除此之外，他也投注了毕生心力在历史悠久的能登鱼露“ishiri”上。

说起鱼露的历史起源，就如同追溯一部世界强权史——拜占庭人、希腊人、罗马人全都有制作鱼酱（garum）的记录，他们在鱼血及内脏里加入盐巴并拿到太阳下曝晒，再萃取过滤而得汁液。亚洲大陆上的各个文明也都发展出不尽相同的以盐发酵的鱼露，从越南的“nuoc mam”到韩国的“aekjeot”都是其中一例。就连英国的伍斯特沙司，也是以发酵凤尾鱼为基底，所以算得上是鱼露的一种。尽管这些文化是否都懂得日本所谓的自然鲜味依然令人存疑，但显然，人类从数千年前便明白了鱼露极其简单的秘密：一种天然的提味圣品，只需少许就足以使任何食物风味倍增。

在能登，鱼露的缘起可追溯至公元 8 世纪，比半岛上出现酱油的时间还早了好几百年。虽然如今酱油成了日本用来增添鲜味的调味料之王，但鱼露依旧是地道能登佳肴的关键。这一带制作的鱼露依地区分为两种：半岛西岸因为凤尾鱼与青花鱼数量丰富，居民酿制的鱼露属于味道较为刺激、价格较低廉的“ishiru”；而反观东岸，由于能登与富山间的海峡栖息了许多日本数一数二的优质乌贼，所以以之为原料的“ishiri”才是主流。

为了制作“Ishiri”，船下先生会以盐巴一次腌渍好几百磅的乌贼内脏，任其发酵个两至三年，有时甚至长达五年（发酵得越久，鲜味就越醇厚）。接着他会把从腌制乌贼内脏中萃取出的液体装进瓶内储藏起来，以备民宿使用。最终，这漆黑如夜的汁液散发出的气味虽然好似装有旧袜子的洗衣篮，浓缩于其中的甜美氨基酸却正适合拿来炖煮食材或制作酱料，甚至也可用来发酵其他食物。在全球鱼露的排行榜上，能登“ishiri”绝对是实至名归的第一名。

船下先生很快便因他制作的鱼露而声名远播。许多原先只尝过大豆酱油、从没试过日本鱼露的顾客，都成了这番特色风味的爱好者。石川县知事授予他县内唯一的“职人奖”，这是只有顶级职人才可获得的殊荣。同时，船下太太为守护能登料理的传统所做的努力亦备受赞扬（后来她也被认定为全日本民宿中致力于传承传统的十位女主人之一），民宿“三波”也因其对于饮食的贡献而声名大噪——不仅重现了许多当地原以为失传的料理，更让广大日本人得以尝到至今闻所未闻的美味。

一般而言，父母会交由儿子来继承自己打下的一片天地，期望他能够肩负家族声名，继续将事业发扬光大。然而船下夫妇膝下无子，于是这份责任便落到了长女智香子的身上。

船下智香子从小就懂得独立自主。她喜爱运动，有足够的体力游历能登一带，同时到金泽、东京和秋田旅行。十二岁时，她所属的乒乓球队获邀至位于能登南面两百五十公里的福井参加比赛，但却没有父母或是成年人能随他们同行。于是智香子一手包办所有事宜，从车

“河川与山脉、海洋与峡谷，彼此纵横交错。”

票、住宿到参赛细节全部处理得妥妥帖帖之后，带着她的八名队友踏上了长达一星期的乒乓征途。

长大后，智香子前往京都就读教育相关科系。而离开能登的这段时期，她的大部分时间都用来工作和玩乐。她在饭店找了份工作，除了白天上课前的四个小时早餐时段，下课后又在晚餐时段服务客人六个小时。周末则会在精致的大型婚宴会场打工，学习宴客时的服务之道。虽然是一名全日制学生，但智香子每个月仍然能赚到三千美元的收入，这塑造了她凡事勤奋向上、朝着目标默默耕耘的性格，即便日后回到能登也依然如此。

智香子身为长女需要承担的两项重责，一是继承双亲的旅馆，二是履行作为家族后代的职责。前者算是日本各地家族事业的常规，后者则是能登当地的传统，包含了一连串沉重的社交义务：协助节庆活动、依场合奉上礼金或奠仪，以及确保在邻里间维系家族的声望与地位。智香子接受了自身的命运，将这一切当作是父母与女儿之间的默契，但在长久定居能登之前，她仍希望能多多见识一下这个世界。她向父母要求至澳洲一游，却遭到拒绝。第二年，她买好了机票，办妥护照和签证，等到出发前一周才向父母表明自己心意已决，不论他们赞同与否。离开之际父母要她保证：一年后一定回来。

到了澳洲，智香子延续了在京都读大学时的一贯作风，一边接下许多工作，一边学习英文，偶尔有空闲才会合上眼睛小憩一会儿。她起先寄宿于悉尼近郊的一户人家，这家人在她搬离好几个月后仍然持续邀请她回来一起 BBQ、参加家庭聚会。在这期间，她除了得到练习说英语和观赏橄榄球比赛的机会，还慢慢熟识了这家二十五岁的儿子本·弗拉特（Ben Flatt）。

本·弗拉特在悉尼西北两百公里的金矿小城索法拉长大，第一份工作是在双亲的餐厅当厨师。这家法意餐馆会将菜单写在小黑板上，使用的食材则都是来自自家后院。本很早就意识到千万别给后院的任何动物取名字——因为自己的父亲或母亲迟早有一天会要他去后头把这只动物给宰了。他的父亲是位特立独行的人，日后还给自己取了笔名“混沌队长”（Captain Chaos），走上写作之路。但双亲都十分精通厨艺且勤于工作，做儿子的本也从小就培养了对烹调的热情。在父母将餐厅卖掉之后，本便动身前往悉尼追寻自己的烹饪事业。在接下来的几年里，他在城市周边的意式餐馆担任厨师，渐渐爱上了意式乡村料理。

但是，那段时间启发他心灵的并不只有意大利面而已。在智香子来到澳洲几个月后，两人便开始约会，把有限的空闲时间都拿来陪伴彼此。一年期满，智香子遵守与父母的约定，准备返回能登。她对本一往情深，却也明白自己无法抛下对家族的责任。听到本说要跟她一起回去的时候，智香子显得十分犹豫：“我想你不明白，等着我的是个怎样的世界。”

但本并未因此却步。他曾在亚洲四处旅游、工作过，也自力更生了好多年，即便作风有别，个性却是与他追求的女子同样独立与坚定。智香子离开没多久，他便将一切收拾停当，把能登当成下一个人生目的地，然后拖着一大半家当来到船下家的旅馆门口。船下夫妇很喜欢这个澳洲来的年轻人，却没料到他是女儿的意中人。几周后，本通过智香子翻译，请求船下先生把女儿嫁给他。这位父亲拒绝了他。本不仅不是日本人，更非能登出身，绝对不可能理解智香子接下来要面对的未来。他女儿将继承的不只是一间旅馆，更是这片大地固有的生活步调与礼俗约束，而本对这些一无所知。船下先生表示，不管今天换成谁，一个外人要融入其中都绝非易事。

可弗拉特毫不气馁。他向智香子及船下夫妇说，自己随遇而安，不论日本也好，能登也好，还是船下家努力想保存的文化也好，都吓不倒他。作为证明，他选择留下，一面学习日文，一面在旅馆（尤其是厨房）帮忙。三个月后，自知拗不过这个年轻人的船下先生以一把日本厨刀相赠，表示对他的认同。

又过了几个月，本与智香子在金泽的兼六园举行了婚礼。这座日本名园以景色优美著称，宴客地点则选在昔日幕府将军的夏季行宫，由智香子亲手写定菜单。根据日本传统，出嫁女子不能在婚宴上展颜欢笑或饮酒作乐，然而那天下午拍的照片上，船下先生为智香子倒了一杯清酒，而新娘脸上则挂着无比灿烂的笑容。

弗拉特民宿坐落于能登町一处能俯瞰日本海海湾的峭壁上。围绕着这栋两层住宅楼的，正面有茂密的森林，后院则为一片欣欣向荣的广大园地，种植有柚子树、酸橘树、柿树，以及一排排韭葱、卷心菜、豆子和白萝卜，再加上一株硕大的樱树与树下小型的木头长椅。在一周的阴雨天结束后，能登迎来万物闪烁新辉的晴朗早晨，若是此时来到这里，便能从长椅上远眺海峡彼端若隐若现的富山县群山。

客人在穿越长长的石阶走道与苍翠绿意之后，便会来到民宿的入口。里头有四间十张榻榻米大小的传统客房（没错，榻榻米也可用来衡量面积）。房间里除了一张长方形矮桌、直接置于榻榻米上头的木背座椅和一套茶壶茶杯之外，并没有其他多余的摆设。餐厅则备有四张可供席地而坐的低矮餐桌和一处可以用来料理的炭火地炉，称作“riori”，无论客人过夜与否都在餐厅用餐。成串的农产品自天花板垂下，有柿子、樱桃萝卜、辣椒等，各自呈现不同的风干程度，看上去好比一条条色彩缤纷的项链。若从靠海一侧的大片窗户看出去，可以将后院与远方的辽阔海景尽收眼底。民宿内有两处沐浴设施，一是露天的木头浴桶，能边泡澡边享受一望无际的海景；另外一处是位于室内的石砌澡堂，免得在白雪覆盖大地之时还得面临在户外泡澡的艰难考验。

在日式旅馆留宿，代表着一场让人全然沉浸其中的深刻体验。抵达后，人们用拖鞋和浴衣取代一般的鞋子和服装，以煎茶取代手中的智慧手机，靠着悠哉且沉淀心灵的泡澡时光取代万千烦忧。这期间你该做的，就只有啜饮、浸泡、深思与呼吸而已。

既然是在日本，传统旅馆的核心体验便是料理。晚餐一般由多道精美肴馔组成，整体架构与过程通常取法自怀石料理。在庭院散个步，读完书里一两个章节，让热水浸透全身，再来享受三小时与季节紧密呼应、富含地方乡土滋味的晚餐。在你享用之际，会有人悄悄在后头的房间帮你铺妥一床厚实的棉被，等你大快朵颐后，便可用棉被裹紧充满暖意且放松的身体。经过一晚深沉无梦的好眠，晨起之时，用餐区又有另一场飨宴等着以一道道精致美味将你的胃口推至极限。到了退房的时刻，俗世忧愁早已一扫而空，你会深吸一口气，随后转身对旅伴说："我们以后应该多来几次这种体验。"

弗拉特民宿和你在日本其他郊外地区发现的传统民宿几乎没有差别，除了一点根本上的不同——掌厨的是个蓄着浓密胡须的高大澳洲人。

从许多方面来说，你大概不曾想象本·弗拉特这样的人能适应这块土地。论体格，他比多数客人大上一倍。他说起话来不拘小节，总是立刻把内心感受写在脸上，就跟他手臂上因烹饪造成的伤痕同样清晰。他会弹吉他，或在休假时骑着摩托车四处游逛，每天的早餐就从涂满厚厚一层咸味酱*的吐司开始。在能登，从东京或京都前来之人就已有如异邦访客，更别说来自澳洲的本，简直就像从别的银河系造访的外星人。

本与智香子两人原先有好几年在距离现址不远的"三波"故址经营民宿。当时智香子的父母仍全身心投入到生意中，1996 年盖了栋新房子作为民宿新址，地点正是现今弗拉特民宿这处美丽的庭院。本和智香子婚后都不想等到船下夫妇退休再开始自己的新事业，特别是当时这两位家长看上去仿佛能就这么继续奋斗一辈子。于是第二年，两

* Vegemite，澳洲特有的抹酱，由酿啤酒的酵母残渣及多种蔬菜、香料萃取物制成。——译者注

人接手那栋有四间客房的旧民宿“三波”，开始构筑在事业上属于自己的愿景。民宿提供的料理依然以上一辈费尽心思想要保存与制作的能登传统风味为主，只不过通过本的意式料理手法来做出变化。很快地，“三波”与“弗拉特民宿”都以各自独特的菜色博得好评。许多人会利用周末到两家民宿各住一晚，品尝相同食材的两种截然不同的表现手法。

船下智宏与船下富美子最终在2011年光荣退休，于是弗拉特和智香子将民宿阵地转至新址，继承了生机勃勃的庭院、院中数十棵果树，以及完备的腌菜库房。智香子请了一名兼职助手，与她一同在前台招呼客人，厨房事务则十之八九都由本独力操办。他呈上的晚餐包括本地生鱼佐以凸显风味的新鲜罗勒及甜醋、加入鱼露“ishiri”调味的烤南瓜汤，以及筋斗的手工意大利宽面配软嫩的乌贼圈，佐以同样放了几滴鱼露提味的乌贼墨。意大利如果是这片远东地带的一座多风半岛，想必所谓的意式料理便会以如此姿态展现在世人面前吧。

如果说晚餐代表本对能登食材的个人发挥，那么早餐便是仍然遵循了他太太娘家的作风。这场早晨的盛宴滋味浓烈、充满历史，汇聚了几个世纪以来代代相传的知识结晶：柔软豆腐搭配自制酱油及柚子胡椒酱，自家味噌熬制的鱼骨汤，发酵成泡菜风味的紫苏叶佐上辣椒与鱼露，炭火慢烤过的拌入鱼露及生乌贼的饭团，有“海中蓝干酪”之称的发酵了六个月的乳酸味鲕鱼。这里每天早上的菜色搭配都会有所改变，然而绝对不会缺席的料理就是一小块“konka saba”，即以米糠腌制的青花鱼，最久的甚至历经长达五年的发酵，具体发酵状况则视你的入住时间而定。即便将鱼肉剥成小块撒在饭上，长年发酵下诞生的劲道在入口后仍能如一股刺激的电流窜遍你的全身。

这顿早餐总计运用了近六种不同的能登发酵法，靠着十年以上的精细酵素分解才能成就这一桌美味。一切都按照智香子的双亲经营旅馆以来一直延续的做法，不曾有所改变。

我第一次品尝弗拉特民宿的早餐时，感觉就像是一觉醒来后竟从2014年回到数个世纪前的世界。这般历久弥新的口味与丰富多彩的品种，将天然鲜味与悠久历史汇聚其中，令人不禁担心自己的味蕾能否从这般震撼中平复。这顿餐点起先仿佛在打乱固有的饮食概念，好似在咖啡里放进一管炸药，但是随着进一步享用，我便逐渐认清：自己对于早餐的认知从此将有所不同。

对智香子而言，弗拉特民宿的早餐不只代表多种风味及口感的展演，更是把传承自双亲之物浓缩成一场飨宴。几滴自酿酱油、一抹柚子胡椒酱、一大块发酵得无比彻底的鱼肉，全都是她父母努力了一辈子的成果，也是智香子回到能登担起船下家的声名时决心继承的一切。本可以随心所欲地为晚餐的料理寻求改变与创新之道，只要智香子能在早晨继续将整张餐桌摆满发酵后的丰硕成品。

这份责任并不轻松，和继承你母亲的烘焙技术或维护自家父亲烤肉的声誉不能相提并论。制作能登料理代表着付出十足的耐心与奉献，抛开现代社会提供的诸多便利，比如超市及工厂量产的食材，转而深深将自我投注于这片土地与前人的馈赠之上。这表示你得调整生活步调来配合难以捉摸的四季变换，弄明白潮汐的涨退和气候模式如何影响桌上的料理；同时也意味着信守在日本饮食文化各方面皆有所展现的“绝不浪费”（mottainai）哲学，这种精神除了来自仅取所需的勤俭心态，更出于对神道教的信仰，深信万物皆有灵且各自都值得受到尊重。

若想了解能登人是如何严肃看待“不浪费”这回事，不妨来谈谈有关河豚的难题。几百年来，日本河豚一向是能登料理的要角，却也以其剧烈毒性著称。在江户末明治初，能登地方的厨师开始认真思索加工河豚的方式，也就是如何运用含有致命毒素的卵巢。河豚卵巢含有的毒素足以杀死二十个人，所以一直以来都和同样具有毒性的河豚肝一同遭到扔弃。难以忍受这般浪费的能登料理人为了找到去除毒素的方法，展开了一段漫长而危险的试验期。当地人先后将河豚卵巢抹上盐和米糠酱让它发酵，然后试吃不确定是否有毒性残留的卵巢，这固然会有生命危险，却也是一道必经的程序。在历经反复尝试，牺牲多条人命后，能登人终于寻得答案，将河豚卵巢由致命的废弃物转化为风味浓烈的主要食材——腌河豚卵巢，今日依旧是能登万分珍贵的稀有美馔。

弗拉特民宿并没有提供腌河豚卵巢，这也是少数智香子没拿来进行发酵的材料之一。但是全身心致力于能登料理，就代表着永远以相同的眼光看待每一种食材：将大自然赐予的生命毫无残留地萃取出来并善加利用。

一旦“绝不浪费”的精神成为出发点，你便势必要相应地调整生活步调。柿子不会因为你今天想离开去金泽一趟就停止生长，鱼肉也不可能恰到好处地晒干，假如你不在太阳下山前处理好鱼身并抹上盐巴。智香子从没停下过手边的工作，每一天都如同一部十六小时的教学影片一镜到底，教你如何带领能登传统走向未来——她先是呈上早餐，接着替小鱼去鳞、与客人交谈、将柑橘剥皮榨汁、准备洗澡水，接着摘取满满一整篮的梅子和紫苏叶。

"二十七年来，我父母没有一天休息过，"智香子说，"我爸会说，'休息？休息那天我又该做什么？人总不能不过日子啊。'"

这一切都并非光靠勤奋工作或缜密的规划就办得到，更需要仰赖累积于一身的经验与知识：哪种蕈类可以当作腌渍食材，哪种吃了会危及性命？这种鱼比较适合用米糠还是用盐腌？眼前这些老是沦为堆肥的碎果肉，还有没有其他用途？

"之前有一天，我妈看到我把柿子梗扔了就非常不高兴，"智香子在某天早上这么跟我说，"我们会把柿子皮拿来腌、柿子肉拿去风干，不过显然连柿子梗也能用来泡茶。"

就算上网，你多半也找不到用柿子梗泡茶的做法，而这也不是你到店里买袋柿子就能突然灵机一动想到的。只有当指甲里积满了泥土，因而与土地有了羁绊，这般灵感才可能在某天闪掠过脑海。

随着季节更迭，本和智香子的生活中总有做不完的事。夏天，他们着手处理后院的丰富收成，将成熟的蔬果拿来风干、腌渍；秋季则要采收坚果、寻觅蘑菇并制作辣椒酱；到了冬天，能登海域盛产各种顶级海鲜，代表是时候该腌制鱼饭寿司（当地称为"hinezushi"）的鱼肉，以及用盐巴腌渍乌贼内脏来酿造鱼露"ishiri"了；等到春季收完野菜与海带，两人又再次种植作物来启动周而复始的四季循环，为自家人与来访的旅客确保下一年的食材。

当有了好年成，能登的传统便是与左邻右舍分享彼此的成果。若丰沛的雨水为你家的柑橘带来丰收，就应当和周边的人分享这当季的新鲜美味；等轮到别人家的樱桃或地瓜收成好，他们同样也会表示回馈。这种以物易物的习俗在能登半岛的历史上一直延续到 20 世纪。在像日本这样以压倒性的速度急遽都市化的国家来说，上述传统礼俗宛如惊鸿一瞥，却也因此格外具有意义。

“我们虽然没有还天天穿着和服，”智香子说（她以前也正好钻研过和服这门深奥的学问），“但神奇的是，这里的人们现在依然保有传统的生活方式。”

某天早上，本来接连好几天都表示婉拒的智香子终于带着我去参观存放发酵制品的储藏室。这里是能登住家中最关键的空间，也是能登料理的神经中枢，而我早已迫不及待要把一切都看个仔细。起初，我以为智香子是怕里头很乱才迟疑着不让我进去，又或者是怕我会把家族祖传的腌渍做法外传。然而随着待在能登的时间越来越长，和智香子与本的交流越来越多，我才逐渐意识到，邀请他人进入自家储藏室，就如同和外人一起坐下翻看家族相簿，是一种十分亲近的体验，彼此之间需要具备一定程度的信任和熟悉才行。

弗拉特民宿的储藏室位于厨房下方的地下空间，看起来就和你想象中的腌菜库房一模一样：又暗又挤，架子和水泥地面摆满塑料瓶、玻璃罐和不知道里面装了什么的黄色大桶。这对夫妇总共在这里储藏

早餐桌上最吸睛的菜色，便是这块腌渍发酵长达四年的青花鱼。

了近两百种不同的发酵食品，有各式各样漂浮着的水果、皱缩的蔬菜、分解的肉类蛋白质，还有以柿子和梅子酿制的醋、用卷心菜和白萝卜做成的泡菜，以及充满各种果实风味的酒品，如柚子、木梨、葡萄及野草莓等。

这间储藏室就好比一间酒窖，蕴藏着许多仍在不断呼吸、进化的产物，也同时捕捉住了岁月的片刻——雨量充沛的1988年、经历干旱的1991年和气候甚佳的2002年。储藏室的美妙之处在于，此时此刻在这里积蓄的风味，都有别于昨日，明日则又有别于今日。当下的滋味无可取代，每一天都有各自独一无二的味道。

智香子掀开几个桶盖让我一探究竟。她从其中一个桶里抓起一把因沾上紫苏汁液而半呈紫红色的小小梅子，可以看出这桶紫苏梅还在腌制途中。另一个桶则装满大豆，准备经过发酵制成味噌。

整个空间萦绕着一股物质转换时散发出的浓厚气味，这股强烈的味道让人想起笼罩在老旧图书馆一角的神秘而意蕴深长的气息。智香子蹲下身打开一个矮小的黄色塑料宽桶，室内顿时充满另一层臭味。“这是我们的腌青花鱼。”她拨开一层米糠，只见底下埋着许多抹了盐巴及辣椒的青花鱼，“有些人才过半年就把鱼拿出来，那样发酵根本都还没开始。这一桶已经腌了快十五年了。”我试着掐指算了一算，只得出一个结论：在这些鱼躺进桶里的时候，那时的世界和现在截然不同。

日本服务业习惯在星期三休息，弗拉特民宿也不例外。然而要在店里找到休息的机会并不容易。夫妻俩多半会利用这天来完成更多的规划与准备工作。

星期三一大清早，本就将我摇醒，邀我一同前往珠洲渔市在早上七点开始的渔获拍卖会。每当海面反射第一道曙光，和煦的阳光照进市场，便可见厨师、经销商、渔夫们在检视着当日的渔获：一桶桶用作钓饵的小鱼、不停喷出摊摊黑墨的肥大乌贼，以及身怀当季第一批鱼卵的鳕鱼。（“这些能卖出很可观的价钱，毕竟日本人会为了尝鲜不计代价。”本这么说。）市场边缘还摆着一条两米长的鲨鱼，隆起的肚腹带有条条血痕，引来一群渔夫，个个抽着香烟打量它的死状。

鰤鱼这时刚好运进了市场——这种鱼为了与冬季的冷冽海水对抗，全身会积藏丰富的油脂。于是早市的人气全集中到了摆满三百条中型鱼的潮湿水泥地。负责拍卖的一位老先生拿着他顺便用来指物的拐杖飞快地穿梭于渔获之间，然后在装有鰤鱼的塑料箱旁站稳了身子。论活力，他比不上东京筑地市场的金枪鱼拍卖员，不过太活泼在这里也没有必要，因为在场的每个人都很清楚自己要什么，以及愿意支付什么价钱。实际喊价时，浓浓能登乡音此起彼伏，再加上这些渔夫一辈子在海上讨生活，他们的舌头就像神秘的异国乐器般演奏着外行人无法领会的言语。拍卖在短短十五分钟内收场，而本今天的工作则是多了一整桶的沙丁鱼等着他处理。

另一个早晨，我们开车到离民宿不远的青翠河岸边采集山蔬，这是象征着春季降临的重要仪式。本也向我解释了不同人家如何严守各自耕种采集的土地范围并代代传承，他说道：“日本人非常在乎这类事情。”我们提着三个装满蕨类嫩芽的塑料袋回到厨房，其中有些会被用来料理今晚端给客人的意大利面，但大部分将放进鱼露里腌渍保存，待春日远去之时，改以腌菜的姿态现身于晨间的餐桌。

看着本在能登茂密的树林与繁复的人际关系间来去自如，让我不禁想象起他这些年为了能在这片文化中立足而可能尝试过的各种花招来。就算是二十年后的现在，本的存在仍然让某些本地人困惑。“我到超市去的时候真的就会有人走过来翻看我篮子里的东西，问我到底打算拿某样食材来做什么。”

身为一个外国人，不论是要融入日本哪个地区的文化都绝非易事。然而本却来到能登追求一名本地女性，哪怕遭到女方家长反对仍执意结婚，还进而决意为保存妻子故乡的传统日常而奉献终生——即便这文化饶富神秘色彩而难以捉摸，连本地人都不一定有所了解。照理来说，要达成这个目标，势必需要具备坚定的心灵、钢铁般的意志，以及顽石般的毅力，但是本却抱持着不同的看法。“与这个家族的人身处同一间厨房、体会他们的感受，才让我明白自己有多么渺小，”他说，“这不只是一种生活方式，这就是人生。”

这样的人生有绝大部分都意味着你得在恰当的时刻采收蔬果。当熟透后变得多汁的柚子开始落地，本和我拿着梯子和大塑料袋到园中摘果。我们穿一身臃肿的长裤配夹克，再加上厚手套，就是为了防止在摘取时被柚子树吓人的尖刺给刺伤。这次产季的收成不如预期，而本也预料到，等岳父知道这件事一定又会碎碎念一番。

一颗柚子在献出生命后，便会踏上一段崎岖的再生之旅。在弗拉特民宿，柚子的内皮会被制成果酱，柚子汁则加盐保存，在接下来的

制作能登料理代表着付出十足的耐心与奉献。

一年用于制作油醋与酱料。就连种子都有用途，先等它自然风干，再将之混入烧酒，便可当作天然保湿液使用。

不过在一颗柚子里，本与智香子最看重的地方其实是果皮，只要与风干辣椒及盐巴一同混合，摆着等乳酸发酵个两年，再经加热过滤，就能制成在当地被称为“yuzunanba”的酱料。滋味结合了甘鲜、呛辣与刺激的苦劲，十分具有冲击性，这无可置喙的美味会令人不禁担心自己以后要是尝不到的话该怎么活下去。这种亮澄的红色酱料除了用来搭配早餐的豆腐和晚餐的生鱼片以外，还进了我的行李箱，让我即便不在日本也依旧能够为之倾倒。

从种子到果皮，一颗柚子合计在两年内化为了四种制品，也都成了民宿发酵食品储藏室里不可或缺的要角。这就是“绝不浪费”的精神啊！

等蔬果采收完、鱼也处理好了，本就开着小货车，载着我们到半岛各处闲逛，而在这段过程中，“发酵”也依然如影随形。有一天，我们前往西北岸的奥能登盐滩。在长期依赖盐巴促进发酵的能登半岛，此处的产盐历史最为悠久。第六代盐农角花洋到现在还是遵循古法，用巨大的木桶加热海水来制盐。他必须待在温度高达一百三十华氏度*的小屋里，花上一个星期的时间不停铲盐跟煮盐，才能制出一批成品。

位于能登西岸的轮岛市以华美的漆器著称。我们这次造访轮岛市集，刚好碰上秋季美食节，眼前有两名男性身穿空手道服、头绑布巾，

* 约等于 54.44 摄氏度。——编注

轮流以硕大的木槌将温热的白米饭槌成细腻的糊状，再包进蜜豆馅做成大福饼。这是极受欢迎的庆典美食，在日本，每年有好几十人因被大福饼噎到而丧命，但即便如此，也丝毫不影响日本国民对大福饼的热爱。能登发酵制品的实力，也在这食品市集展现了最强大的一面：烟熏或晒干的蛤蜊、乌贼拌发酵米饭和柚子皮，以及腌河豚卵巢这一昭示当地极为严肃的饮食文化的美食。

我们还找了一天到半岛底端的七尾，来到民宿休息时智香子和本最喜欢拜访的“幸寿司”，享用了一顿美妙的寿司午膳。填饱肚子之后走在街头，我们偶然发现一间开设于旧式商人宅邸的酱油铺。一踏进店里，浓烈的气味扑鼻而来，我们这才晓得，这里不只销售，也身兼酿造。老板带我们到店铺后面参观木头大桶内自明治末期就缓缓发酵至今的大豆。我们三人一致认同这家的酱油滋味甘美而不死咸，算是至今尝过的极品之一。智香子还买了三公升带回民宿。

在离民宿仅有几英里处，我们来到酿制清酒的“谷泉 · 鹤野酒造店”。清酒毋庸置疑是日本最重要的发酵制品之一，而这间店坚持采用人工酿酒，对于六十二岁的老板娘鹤野女士来说，这才是最适合的做法。

“就算要用七百公斤的米来酿造一批酒，我一次还是只洗十公斤的米。”鹤野女士带我们参观酿制清酒首先会用到的洗米槽时如此说道。

她依然使用历经岁月洗礼的老木桶来蒸米，一时意志不坚买来的钢槽就这么闲置在角落。“用金属容器就是没办法每次都蒸得一样好。”

蒸了五十分钟的米接着会被平铺于桌上，静置两三天等待曲菌增生。许多日本重要发酵制品，如酱油、味噌和烧酒，都得仰赖曲菌担当幕后推手。

接着这些米会被移至阁楼放置两周，让细菌能变得更为稳定并得以优化，以利进一步发酵。最后将蒸熟的米混入水及更多曲菌后，存放于布袋中压榨酒液，每次挤压之间都会静置一夜。像这样从发酵时间长达二十五至四十天的米中萃取而出的液体，堪称世上历史数一数二悠久的极致酒品。

“我不喜欢过滤清酒，这会把天然的甘鲜都给带走。”这话说得没错。鹤野女士酿造的乳白色酒饮那一丝恰到好处的甘甜芬芳与随之而来的强烈后劲反倒让人止不住饥渴。“我这里只是个小酒厂，没必要让每批酒的味道都一样。我希望让大家尝到这些酒每一年都在变化的滋味。”

某晚，趁着隔日午餐时段没有客人预约，本和智香子领着我造访“布兰卡”酒吧。整间店烟气弥漫，回荡着卡拉 OK 歌声，还有许多喝威士忌喝得醉醺醺的酒客。店内事务由妈妈桑一手包办，一下倒酒、一下点烟，又或者用小型电烤炉加热乌贼干，递给吧台另一侧的常客。她因为抽多了“万宝路”而嗓音沙哑，然而听她忙里偷闲拿起麦克风一唱，却宛若和煦阳光般点亮了酒吧。

在日本唱卡拉 OK 不像西方酒吧那样随性，不仅看不到喝醉的大学姐妹会女孩尽情走音地唱着麦当娜的歌，也看不到同样喝多了的兄弟会男孩高唱摇滚乐队的歌曲，要你“不要停止相信”。你会看到的反而大多是较年长的男性与女性，很有耐心地排队等着唱起一首首情意绵绵的长篇歌谣，而且每个人都在歌中倾尽感情与情绪。

在民宿厨房里四目相对的智香子与本。

仍保有澳洲情怀的本，试着用一首动听的《波希米亚狂想曲》（*Bohemian Rhapsody*）暖场，只可惜本地人听了无动于衷（听我掏心掏肺唱出的墨西哥民谣《La Bamba》时，他们甚至更没反应）。轮到智香子上场的时候，她选了首悠长舒缓而又缠绵伤感的日本歌曲，这类歌曲屏幕上通常都会伴随着情侣散步过桥、在公园长椅卿卿我我的场景。一开始她显得有些温吞，但第一段结束后便放开声音，副歌唱得是又优雅又动人。等到歌曲迎来戏剧般的收尾，她已让全酒吧都看得目不转睛。虽说我一个字也听不懂，却发现自己眼眶湿润，坐在这空气混浊、飘散着乌贼气味的能登酒馆眨着眼睛，试着不让泪水流下。

“不好意思，我得去看一下那些橘子皮。怕是在烤箱里放太久了。”说完，智香子母亲的身影从屏幕画面上消失。镜头外传来她的说话声，但不太清楚，大概是在说些有关脱水的技巧。过了几分钟，她抱着一个玻璃罐回来，笑得甚是灿烂：“想不想看看我做的橘子酱？”

智香子与母亲富美子每周至少用 Skype 通话一次。“我打电话有事问她，她会说‘用 Skype 谈！’，我们就在厨房用 Skype 聊到三更半夜，直到我告诉她我真的得离开了。”这番对话的场景几乎都发生在厨房，而这两人多半还会同时处理当季该干的活计。智香子把 iPad 架在吧台上，然后彼此回头继续工作。

今天和母亲对话的过程中，智香子忙着清洗本从早市带回来的成千条银色小鱼，去除鱼头与鱼肠，为另一场长期发酵做好准备。母女俩聊人生、聊本跟智香子的一对儿女，但聊得最多的还是食物——两人的新尝试、地下室的瓶瓶罐罐和维系着整个发酵世界的小小细节。

在日本专业的厨房里，你几乎不太能看到女性的身影。家族经营的餐厅自古以来的传统便是由父亲掌厨，母亲负责接待客人，若有子女一起帮忙，也都是按此男女之别分工。根深蒂固的男女家庭形象与略显落伍的观念，可以说让这个国家的性别分工比世上其他地方更为偏颇且僵化。举例来说，有些人认为不该让女性捏制寿司，是因为她们变化不定的体温会破坏鱼肉的滋味。当然，如今在日本各地的餐厅厨房仍有许多女性努力试着打破常规，不过大多数时候，在你眼前片河豚肉、煮荞麦面、将蔬菜裹上面糊，或是站在烤架、铁板跟炉灶前料理的，都还是以男性为主。

然而就在保守紧闭的门扉之后，喂养了整个国家的其实是女性。她们不仅是家庭内的料理人，更是秘方的守护者，让料理的精髓能够薪火相传，同时默默地付出辛劳，守望着日本无与伦比的饮食文化。在历来的传承之中，母女关系正是成就这一切的核心环节。

当智香子跟我提起她第一次制作的果酱有多么惨不忍睹的时候，在另一头旁听的母亲富美子随即解释了原因："那是因为你的果胶放得不够。"

"她说得对。所以我后来改变方法把果酱做成味噌了。"

母亲永远都常伴子女左右。船下智宏和船下富美子仍会在位于"三波"原址的弗拉特民宿待上不少时间，而每当这两人造访，智香子和本就知道自己将接受一连串进度考察。老人家掀开盖子、检视腌鱼、捏一把白萝卜，再闻闻鱼露、试试酸醋、尝一口"yuzunanba"，顺便再视察一番庭院。“真的超紧张的，我们总被搞得晕头转向。”智香子说道。船下夫妇总能找出问题（或者说进步的空间），并尽心尽力给予指导跟建议，却又不至于待太久惹人嫌。

这对老夫妇也随即向我表示，很感谢女婿和女儿不遗余力实现他们的愿景。除了让地下储藏室常保丰足，本与智香子也会举办春日郊游和秋季庭院餐聚，参加当地民宿经营者的集会并跟他人交换食谱和业界情报，还会协助政府官员推广地方观光项目与物产。眼看如今传统能登料理已是岌岌可危，这对夫妻便尽其所能要将他们所知的生活方式分享给更多人。毕竟，并不是所有人都有像船下夫妇这样投入的父母，能如此身体力行地教给下一代各种知识。

就算是极为能干的夫妇，光靠两个人一面经营生意、一面为地方出力，也已经十分不容易了。更何况他们真正的工作皆与户外自然息息相关，在庭院、码头、森林里，就在围绕着他们的大自然中。当河畔的蕨类抽出嫩芽，就是前往采摘的时候；当峭壁下方渐渐有海带被冲刷上岸，就该收集起来摊在阳光下曝晒；攀附于木头上的蘑菇，也渴望着被采集风干；还有乌贼等着盐渍，有水果等着发酵。他们所做的，正是把握每个当下。

这一切，都不禁让人感到时不我待。一旦老母亲离开人世，她长年积累的庞大知识也会跟着逝去——没有教科书、没有料理知识百科，也没有留存相关记录，这些传统一直以来能仰赖的，就只有流转的季节与那些一路走来的人们。

“在能登，我们没受到太多外来的影响，”船下女士说，“学习料

弗拉特民宿的正门口。

理一定是跟母亲学。要是她不擅长厨艺，子女的表现大概也好不到哪里去。”

“我爸很清楚，现在能登的味道已经跟他小时候吃的不一样了，”智香子说，“他希望能找回以前的味道。”

“我们不想失去那些老味道，”船下女士接着说，“我们从不去商店买现成的东西，不只是自己熬高汤，而是连制作高汤的食材都自己制作。我们会自己晒海带，自己做木鱼。”

“对我妈和我祖母来说，这不过是做该做的事，从来不是为了要保存技巧。然而现在我们确实一点一滴在丧失传统。要让传统重新活过来，就得去实践它。”

船下女士说：“这一带的大自然对人类相当慷慨，让我们能制作出好多东西。可是，只有经验老到的人才会晓得该如何善用这些恩惠。”

“近来，想得到自己心目中的食材得花费不少力气。”智香子说着，手边成堆的鱼眼看就快处理完了。“样样都得自己栽种、自己采收。”

“在地食材最能代表能登。因为这些东西只有能登才有。”船下女士说。

“就算厨房里有我妈站我在旁边，按照同一种做法，用相同技巧煮着相同的食材，我每次煮出来的成果就是跟她的不一样。”

“你得训练用身体来感受。”船下女士说道，“这就像捏寿司，师傅靠身体记下的感觉就知道该怎么把寿司捏好。这是直觉，解释不来的。”

“有些知识我就是没有。”此时做女儿的只剩几条鱼还没应付完，砧板上沾满了深色的血污及内脏。“我拥有的知识还不到一半，这点我很确定。”

做母亲的说 :“四季自有一套循环，而智香子目前就是跟着这套循环走。当她懂得越多，每一季得学习的也就越多。”

“我对采蘑菇知道的不够多，对自然法则也不太清楚。”

“你要有耐心。”

“我应该多学一点有关山菜的事。”

“我也从来没学过有关野猪的事。这算是我的遗憾之一。”船下女士说。

“最困扰我的，是不清楚自己到底还不知道些什么。”说这话的智香子双手紫红，沾满鱼血。

“你做的都是对的，”母亲对女儿说，“你就快掌握一切了，快了。”

一夜体验

寻访艺妓

为夜晚做准备

在你享用晚餐、喝酒暖身的时候，艺妓正在进行一场工程浩大的梳妆打扮。

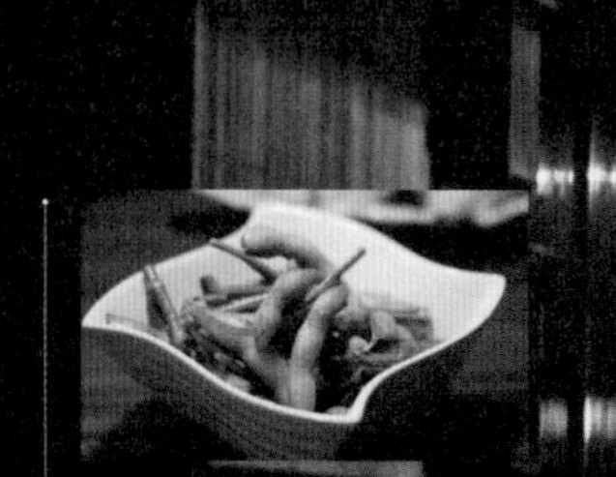

大快朵颐

下酒菜不是为了摆着看的，有了食物打底，才好让清酒长河流入胃袋。

8pm 9pm 10pm

向东家致意

中村太郎是清酒制造商的第九代继承人，和这家艺妓茶屋颇有渊源。

认识历史

金泽艺妓区的规模在日本仅次于京都。这一间间茶屋的起源可追溯至 17 世纪。

欣赏演出

艺妓是淋漓尽致的表演者，能歌善舞、擅长乐器，口才也是世界一流。尽情享受吧。

跟跄而去

今晚何时结束皆取决于艺妓。切记绝对别乱碰人家或乱开人家的玩笑。能成为少数踏进茶屋的外国人之一，该知足了。

11pm 12pm 1am

注满杯中物

中村的清酒在日本酒中数一数二。你喝多快，艺妓倒酒的速度就有多快。干杯！

磨炼技巧

边喝酒边玩游戏，夜晚很快就到了尽头。记得保持专注，但你要知道这些女士很少输。

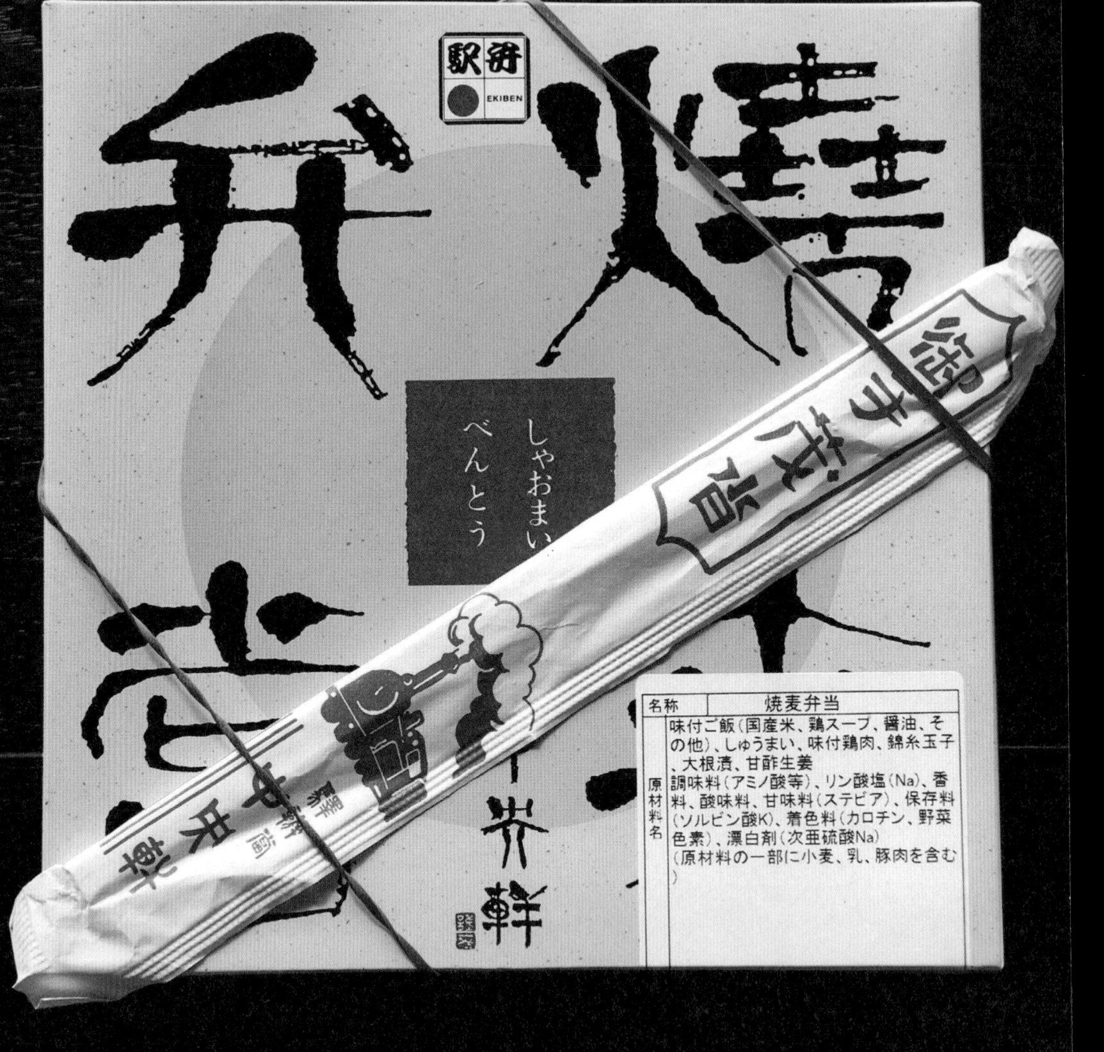

移动飨宴

便当的奥秘

THE BEAUTY OF BENTO

日本是个最适合搭乘火车旅行的国家。不仅有静静蜿蜒于乡间的美丽流线型新干线，更有以日本人的首选交通工具为中心而蓬勃发展的火车美食文化。里头包含了冰啤酒、热茶、咸味零食，以及供应不绝的"车站便当"，即以地方特产为卖点的精致铁路便当，且只有在车站才买得到。

日本的车站便当最初于1885年问世，一路下来陆续发展出两千多种地方特色品种，多半由家族经营的小商家提供，让你不用离开月台就有机会品尝到各县市的地方风味，如仙台的烤牛舌和长野的荞麦面包等。当然，你的终极目标应是寻访这些车站便当的发源地，不过若是想抄近道的话，可以前往东京车站的"车站便当屋·祭"一探究竟，这里供应来自日本各处的一百七十种车站便当。

在历经一万公里的旅程与超过百次的铁路用餐体验后，车站便当绝对称得上是日本最绝妙的移动飨宴。

海胆、鲑鱼卵、鸡蛋

函馆站（北海道）

汇集北海道最棒的卵类食材于一碗的美妙盖饭：绵软的海胆、微咸的鲑鱼卵与柔滑香嫩的鸡蛋，种种滋味借由醋泡菜的酸劲合为一体。若是再搭配北海道小酒厂产的好酒一起享用，更是美上加美。

02

山岳釜饭

横川站（群马县）

就像摆满了横川最知名的风味的一只百宝盒：柔嫩的卤鸡腿、肥厚的香菇、竹笋、鲜甜栗子和一颗水煮鹌鹑蛋。所有美味都浓缩在这一只小陶锅里，吃完还可以把容器带回家。

03

鸡肉饭

鸟栖站（佐贺县）

这款以鸡肉为基底的便当之所以能从上百款同类产品中脱颖而出，可不是没有原因的。以酱油卤制的鸡肉丝配上炒过的蛋丝，以及加了鸡汤蒸出的米饭，个个滋味恰到好处：入口咸中带甜、鲜味十足，还非常好携带（一旁的烧卖也是可圈可点，吃来多汁可口）。

04

鳟鱼寿司

富山站（富山县）

堪称日本模压寿司最经典的范例。色泽红润的鳟鱼薄片抹上薄薄一层丘比牌蛋黄酱，盖在米饭上一起压平，宛如一块符合成人口味的咸蛋糕。做法自 1912 年至今不曾改变，好吃到日本各地都有许多人会专程买回去带给亲友享用。

05

星鳗饭

宫岛口站（广岛县）

可谓是全日本历史最悠久且最美味的便当之一。推出这个便当的家族自 1901 年就开始在自家餐厅销售星鳗饭，他们先将咸水星鳗的鱼肉以炭火烤炙，再涂上酱汁，米饭则以鳗鱼高汤焖煮而成。能坐在餐厅享用刚从烤架上取下的星鳗自然是最好，但便当（广岛站也有卖）让你能带着这般美味随时品尝。

致谢

要出版一本书，动用的人有一个村庄那么多，而想出版一本探究日本的书，动用的人则大概有一个国家那么多。至少像我这样在几年前抵达东京时还毫无头绪的人，就会需要这么多人帮忙。在此过程中我欠了日本人民许多人情，也多亏了他们的慷慨分享，才将人们眼中原本难以理解的国度转化为一处保留悠久文化之美的所在。

我还要特别感谢以下这些人，少了他们，这本书就无从问世：

在收集本书素材的过程中，多半时间由通情达理、能力出众的约安娜·莫雷利为我解释有关日本人的语言、文化、行为举止等各方面的疑问。我之所以能认识并爱上这个国家，绝大部分都要归功于约安娜、她的先生渡边仙司及其友人。

横山健一郎是精通待客之道的职人，不停引发各种小小奇迹满足我的心愿，让我更懂得品味京都。他待人无私、做事到位，体现了这个国家与人民最好的一面。

在大阪期间，有好多个晚上我都是靠着 Yuko Suzuki 这位专家领路。

没有她的兴致高昂、多才多艺，以及愿意拨冗与我做伴，我就不可能吃到、喝到、学到好多想都想不到的东西。

而在福冈，我得谢谢柳原久一郎，一位睿智大方、精通福冈美食风貌的先生。

感谢罗比·斯温纳顿（Robbie Swinnerton）。最初听到我想写本书谈日本，以他迁居于此的丰富经历，就算他笑我自不量力、要我夹着尾巴滚回美国都不奇怪，但他反而毫不藏私地分享专业知识，让我深深体会到他何以能成为将日本饮食文化转介给西方英语世界的重要人物。

同时感谢下列众多人士敞开大门，欢迎我走入他们的餐厅、住家、民宿，以及生活：岚山的松野一家，本与智香子伉俪，洛佩斯夫妇，上村敏行，罗伯特·耶林，池川义辉，Shinji Nohara，布莱恩·麦克达克斯顿（Brian MacDuckston），山本幻，尼克·沙茨（Nick Szasz）及杂志《Fukuoka Now》的一流工作人员，Eric Eto，中东久雄，绪方俊郎，米克·尼帕德（Mick Nippard），真田高大，桑德·杰克逊·西斯沃约，米里亚姆·戈德堡（Miriam Goldberg）。

特别感谢劳伦·沙夫（Lauren Scharf）和金泽的《Art of Travel》的工作人员。他们让我明白了石川县本身就值得写成一本书。也谢谢日本政府观光局（JNTO）在纽约与东京办事处的好心人，在整本书还只是个不成熟的点子时就提供支持。

至于我身边的人士，首先要感谢内森·索恩伯勒，我写的一字一句几乎都有赖他的润饰。内森是我在《路与国》的合伙人，从写作计划萌芽开始，他就持续以创意加以推动。你是我见过的最棒的编辑，更是个最棒的朋友兼同事。

感谢道格·修麦尼克。你化腐朽为神奇的本领实在高超。一些潦草字迹、几叠拍立得相片，到你手里就成了艺术品。多亏有你，才让这本书的美术设计得以突破新的层次，感谢你总是让我们看起来有模有样。

大大感谢迈克尔·马格斯展现无穷干劲，发挥摄影才能及对便利店的热爱。我的文字无法表达的东西，你都用影像表现出来了。

谢谢安东尼·布尔丹（Antony Bourdain）。许多年前，你突破饮食写作的窠臼，不断将这一领域拓展至前人未曾到过的边界。任何从事饮食与旅游写作的人都受惠于你的努力，而我尤其如此。感谢你对《路与国》和我们所有人的作为都抱持着莫大的信心。

谢谢金姆·威瑟斯彭（Kim Witherspoon）。你举重若轻、判断精准，懂得如何航行于纽约出版界的惊涛骇浪之中。感谢你领着我们这条船安全进港。

谢谢卡伦·里纳尔迪（Karen Rinaldi）相信在《吃这个，别吃那个》（*Eat This, Not That*）系列之后还有可能找到其他出路。也谢谢你多方协助，让我们自由创作，使整个写作计划能顺利开花结果。你的 Harper Wave 出版社工作团队，以过人的沟通技巧和耐心协助我们塑造本书样貌。团队成员包括汉娜·鲁滨逊（Hannah Robinson）、利娅·卡尔森－斯坦尼西奇（Leah Carlson-Stanisic）与约翰·朱西诺（John Jusino），在此一并致谢。

最后，最重要的是感谢我的太太劳拉（Laura）。大家都知道你是我的秘密武器。你的优雅与美丽是一把万能钥匙，能打开好多扇合起的门扉。

图片提供

迈克尔·马格斯（主要摄影师）：P8–9，54，58–59，63，70，77，80–81，84，85，89，90–91，92–93，94，95，96–97，114，119，132，133，148–149，190，192，193，234–235，243，245，257，264–265，284，288，292，293，296，297，298，299，308，312–313，333，337，354–355，356–357，358–359

马特·古尔丁：P22，26，31，38，39，82，83，84，86–87，101，140，145，146，147，150，151，152–153，162，166，173，180，185，188，191，197，198，203，216，229，236，237，238，239，240–241，242，244，250，268–269，280，286–287，289，291，294，295，297，300，301，324，328–329，340，341，342，344–349

内森·索恩伯勒：P46，47，193，196，209，224–225，290

桑德·杰克逊·西斯沃约：P40–41，42，43，44

劳拉·佩雷斯（Laura Pérez）：目录页（协助：株式会社 Digni Photography），P125

约安娜·莫雷利：P194，195

Japan Externa：P4

马特·古尔丁是《路与国》网络杂志创办人之一。与人合著的《吃这个，别吃那个》系列荣登《纽约时报》畅销书榜，印数超过一千万册。此刻的他不是在巴塞罗那的小酒馆，就是在北卡罗来纳的烤肉店。

内森·索恩伯勒是《路与国》网络杂志创办人之一。他当过音乐人、《时代》杂志驻外记者，还精通饮酒之道。每一天，这些经历都在他的工作上充分发挥出作用。

道格拉斯·修麦尼克掌管《路与国》的设计部门，同时也是设立于旧金山湾区的数字设计工作室ANML的创办人。

CRYSTAL GEYS
alpine spring wa

路与国（Roads&Kingdoms）网络媒体公司汇聚了各种饮食、旅游、政治、文化的相关信息。合作伙伴包括 Tumblr、《体育画报》（*Sports Illustrate*）、《时代》杂志，以及好奇心无穷无尽的安东尼·布尔丹。想进一步了解更多信息，请上网参考 roadsandkingdoms.com。

图书在版编目(CIP)数据

米，面，鱼：日本大众饮食之魂 /（美）马特·古尔丁著；谢孟宗译. -- 桂林：广西师范大学出版社，2019.10（2020.7 重印）

ISBN 978-7-5598-1750-1

Ⅰ. ①米… Ⅱ. ①马… ②谢… Ⅲ. ①饮食－文化－日本 Ⅳ. ① TS971.203.13

中国版本图书馆 CIP 数据核字 (2019) 第 075461 号

广西师范大学出版社出版发行

广西桂林市五里店路 9 号　邮政编码：541004

网址：www.bbtpress.com

出 版 人：黄轩庄

责任编辑：马步匀

装帧设计：高　熹

内文制作：李丹华

全国新华书店经销

发行热线：010-64284815

北京尚唐印刷包装有限公司

开本：787mm × 1092mm　1/32

印张：12　字数：150千字　图片：140

2019年10月第1版　2020年7月第2次印刷

定价：98.00元